—— 八闽茶韵 ——

福州茉莉花茶

福建省人民政府新闻办公室　编

编　著：杨江帆　吴建成　叶乃兴　郑廼辉
　　　　郑江闽　郑新俊　孙　云　曾章团
　　　　吴怡然　林　曦　叶晓霞　江　铃

海峡出版发行集团 ｜ 福建科学技术出版社
THE STRAITS PUBLISHING & DISTRIBUTING GROUP ｜ FUJIAN SCIENCE & TECHNOLOGY PUBLISHING HOUSE

图书在版编目（CIP）数据

福州茉莉花茶 / 福建省人民政府新闻办公室编；杨江帆等编著. —福州：福建科学技术出版社，2019.6
（"八闽茶韵"丛书）
ISBN 978-7-5335-5617-4

Ⅰ. ①福… Ⅱ. ①福… ②杨… Ⅲ. ①熏花茶 - 介绍 - 福州 Ⅳ. ①TS272.5

中国版本图书馆CIP数据核字（2018）第089371号

书　　名	福州茉莉花茶	
	"八闽茶韵"丛书	
编　　者	福建省人民政府新闻办公室	
编　　著	杨江帆　吴建成　叶乃兴　郑廼辉　郑江闽　等	
出版发行	福建科学技术出版社	
社　　址	福州市东水路76号（邮编350001）	
网　　址	www.fjstp.com	
经　　销	福建新华发行（集团）有限责任公司	
印　　刷	福建彩色印刷有限公司	
开　　本	700毫米×1000毫米　1/16	
印　　张	9.25	
图　　文	148码	
版　　次	2019年6月第1版	
印　　次	2019年6月第1次印刷	
书　　号	ISBN 978-7-5335-5617-4	
定　　价	48.00元	

书中如有印装质量问题，可直接向本社调换

序 言

梁建勇

　　"八闽茶韵"丛书即将出版发行。以茶文化为媒，传承优秀传统文化，促进对外交流，很有意义。

　　福建是中国茶叶的重要发祥地和主产区之一。好山好水出好茶，八闽山水钟灵毓秀，孕育了独树一帜福建佳茗。早在 1600 年前，福建就有了产茶的文字记载。北宋时，福建的北苑贡茶名冠天下，斗茶之风风靡全国，催生了蔡襄的《茶录》等多部茶学名作，王安石、苏辙、陆游、李清照、朱熹等诗词名家在品鉴闽茶之后，留下了诸多不朽名篇。元朝时，武夷山九曲溪畔的皇家御茶园盛极一时，遗址至今犹在。明清时，福建人民首创乌龙茶、红茶、白茶、茉莉花茶，丰富了茶叶品类。千百年来，福建的茶人、茶叶、茶艺、茶风、茶具、茶俗，积淀了深厚的茶文化底蕴，在中国乃至世界茶叶发展史上都具有重要的历史地位和文化价值。

　　茶叶是文化的重要载体，也是联结中外、沟通世界的桥梁。自宋元以来，福建茶叶就从这里出发，沿着古代丝绸之路、"万里茶道"等，远销亚欧，走向世界，成为与丝绸、瓷器齐名的"中国符号"，成为传播中国文化、促进中外交流的重要使者。

当前，福建正在更高起点上推动新时代改革开放再出发，"八闽茶韵"丛书的出版正当其时。丛书共12册，涵盖了福建茶叶的主要品类，引用了丰富的历史资料，展示了闽茶的制作技艺、品鉴要领、典故传说和历史文化，记载了闽茶走向世界、沟通中外的千年佳话。希望这套丛书的出版，能让海内外更多朋友感受到闽茶文化韵传千载的独特魅力，也期待能有更多展示福建优秀传统文化的精品佳作问世，更好地讲述中国故事、福建故事，助推海上丝绸之路核心区和"一带一路"建设。

2019 年 2 月

目　录

一

茶与花的美丽邂逅

——

（一）海丝之路飘来的一抹"天香"

茉莉是从国外引进的。对于茉莉的原产地归属，至今仍有争论，但主流的观点有"大秦说""波斯说""印度说"三种。

关于中国茉莉的原产地众说纷纭，莫衷一是。从茉莉的生长特性和可考的史料分析，茉莉属于亚热带植物，畏寒怕冷，忌霜冻。古代从中国通过陆路往返西域旷日持久，路程甚至需要数年时间。因此，茉莉通过陆路从西方进入中国的可能性很小，只可能通过海路进入中国。而在西汉时期就开发了通往西方的海上丝绸之路，并向远洋发展。海上丝绸之路，是古代中国与世界其他地区进行经济文化交流的重要海上通道。西汉朝廷派出驿使率领的船队，沿着民间贸易开发的海上航线，到达中南半岛、南洋群岛、印度东南海岸和斯里兰卡等地。公元前 1 世纪，中国丝绸已成为地中海地区最珍贵的衣料，其中部分衣料是从"海上丝路"到达地中海东岸的。西方的香料、金银器、宝石、琉璃器（玻璃）等货物也从海路运到中国。古印度是海上丝绸之路的必经之地，也是东西方海上贸易一个重要中转站。我们有理由推测，古印度人在东西方贸易中，可以把中国丝绸带到西方，把西方的香料带进中国，当然也可以把茉莉引进中国。茉莉传播的路线应该是罗马帝国（大秦）—波斯（安息）—印度（天竺）—中国。传播的移植方式也许正如宋朝张邦基所记载的，用陶盘等容器种植，而后通过海路"转海而来"。当然，茉莉引种至中国，可能是与中国贸易的古印度人或波斯人等所为，所以古代

茉莉花可能由"海上丝绸之路"来到中国（图示西汉时期"海上丝绸之路"，引自
孙展《一条800年沉船的现实角色》）

也有茉莉源自"波斯说""印度说"等说法。

福州应该是中国较早引种茉莉的地区之一。福州历史上一直是
东太平洋交通的中心点，是我国古代海上交通与贸易重要的出发
点与枢纽站之一。距今 4500 年前，福州昙石山人就开辟了经我国
台湾、菲律宾、印度尼西亚到达南太平洋众多岛屿的航线。在西
汉时期，福州东冶港就是海上丝绸之路的重要港口之一。所谓"旧
交趾七郡，贡献转运，皆从东冶泛海而至"（《后汉书·郑弘传》），
说明当时东冶港已是海运货物的集散地和贡品转运站。史料中，东
冶港就有与印度等地贸易的记载。汉武帝刘彻（公元前 156—前

87）兴建御花园，手下的大臣们争相进献名贵花木。《西京杂记》载："初修上林苑，群臣远方各献名果异树。"西汉文学家司马相如在《上林赋》中记述皇家园林上林苑的盛况时，称院中香草名花、参天古木"视之无端，察之无涯"，目不暇接，连名字也叫不下来。茉莉或许就是贡品之一，取道福州进献给皇帝的名草名花之一。

福州至今还有茉莉花种植的遗迹。福州乌山至今保留北宋福州太守柯述的"天香台"题刻，以及同时期名士湛俞的对联"茉莉晓迷琼径白，荔枝秋映绮筵红"，描绘了夏天早晨乌山的美景。北宋

1000 多年前的福州乌山天香台植满茉莉花

郡守程师孟登山览胜，改其名为道山，并请曾巩写下四大亭记之一的《道山亭记》。由于乌山为极阳之山，所以宋朝历任太守在其上栽植能消暑纳凉的茉莉花。

（二）香传八闽

2000多年前茉莉来到中国。由于其畏寒怕冷的生长特性，最早茉莉主要在中国南部省份，如广东、福建、云南等地种植。然而到了宋代，茉莉在福建广为种植，面积之大甚至到冠绝中华的程度。茉莉在引种中国后，在福建特别是福州地区被广泛种植，这与福州优越的地理气候条件密不可分，也反映了福州文化与茉莉文化之间相吸引。

香文化是茉莉在福州广为种植的一个重要原因。中国香文化悠久而浓厚。早在炎帝神农时代，古人就采集树皮草根用作医药品，并把有香气的物品用来驱疫避秽、清净身心、敬神祭祀，后来又逐渐用于饮食、装饰和美容方面。屈原《离骚》中提到草木共55种，其中有45种为香草。随着东西方贸易文化交流的发展，西方香料通过丝绸之路大量引进中国，特别是佛教传入后，香文化进一步繁荣。

在唐代，上自朝廷、贵族，下至黎民百姓，从洗脸、洗澡用的澡豆，到日常保养的面脂，生活中的熏衣、燃香，都广泛使用到

北宋《清明上河图》中有香料店，可见宋代香文化之兴盛

各种香料。唐代文人雅士们"无事焚香坐，有时寻竹行"，就连庄严肃穆的朝廷殿堂等政务场所也都要熏香。杜甫就曾在诗中写道："朝罢香烟携满袖，诗成珠玉在挥毫。"

古人推崇香文化，自然也对有着浓郁芳香的茉莉情有独钟。宋人认为茉莉洁白无瑕、淡雅幽香与其时士大夫淡泊名利的生活态度相似，乃国香、天香，如南宋辛弃疾《小重山·茉莉》云："倩得薰风染绿衣。国香收不起，透冰肌。"茉莉还被用于人们打扮装饰。宋张劢曾写诗称道："绾成一点珠球好，添上松鬟浴后妆。"所写的就是当时的妇女用茉莉花放在自己浴后的头发上，使头发散发出

元朝《伯牙鼓琴图》中，伯牙抚琴，钟子期凝神静听，几案上焚香

花香。当时也有百姓把茉莉花放在房间里美化香化自己的卧室，宋莆田籍诗人刘克庄（1187—1269）诗中也有"一卉能熏一室香，炎天犹觉玉肌凉"之句。

佛教自汉代传入中国，并在福建广泛传播，又进一步推动了茉莉在福建的广泛种植。佛教认为香与人的智慧、德性有特殊的关系，妙香与圆满的智慧相通相契，修行有成的贤圣，甚至能够散发出特殊的香气。"天香开茉莉"，作为佛教四大圣花之一，茉莉自古就受到佛教徒的钟爱。古印度佛教徒认为，众多的花瓣需用绳子穿起

来才不会被风吹散；同理，佛陀的言教也需要汇集起来，以便不会散失，流传后代。因此古印度总是将茉莉作为贡献的花，穿成茉莉花环，供奉在佛像前。在阿旃陀壁画里，菩萨的宝冠上也有镂金的茉莉花饰。

福建素有"东南佛国"之称，佛文化在福建源远流长。由于香文化和佛文化的影响，茉莉在福建特别在福州就成为广为栽培的植物。南宋隆兴乾道年间（1163—1169）楼钥在《次韵胡元甫茉莉》诗中称赞道："吾闻闽山千万木，人或说此齐蒿莱。"宋代《欧冶

泰国寺庙至今仍保留用茉莉花环供佛的习俗

佛文化在福建的兴盛，推动了茉莉的传播（图示 1870 年左右福州涌泉寺僧人，约翰·汤姆森摄）

遗事》中记载闽中特产时描述："花有茉莉，天下未有。"现存福州最早的地方志宋代梁克家《淳熙三山志》（1182）中也记载："末丽，此花独闽中有之。"可见当时福州种植茉莉已经是相当普遍了。

到了清末，茉莉花茶商品性生产时代到来之时，茉莉花的种植也由长乐扩大到福州郊区和闽侯一带。在茉莉花开放的季节，福州仿佛成为茉莉花的海洋。

———
卖茉莉花的老人（引自《似水流年》）

（三）茶与花结缘

　　古人对香气保健作用的认知和香文化的普及，成为茶与花结缘的重要机缘。宋蔡襄撰《茶录》（约公元1049—1053）记载，北宋初年"茶有真香，而入贡者微以龙脑和膏，欲助其香"，说明宋代就在茶叶中加入一些带有香气的植物，以增茶香。另据《茶录》记载："建安民间试茶，皆不入香，恐夺其真，若烹点之际，又杂珍果香草。"这说明宋代民间在茶叶中加入"珍果香草"的饮法已较为普遍，但这些都不能称为花茶，因为茶叶没有经过鲜花窨制，其品质还没有起到质的变化。但这是花茶生产的雏形。

　　到了南宋时期，对花茶的记述逐渐增多，制茶方法也逐渐成熟。南宋赵希鹄《调燮类编》记载："木樨、茉莉、玫瑰……皆可作茶。量茶叶多少，摘花为伴。花多则太香，花少则欠香，而不尽美。三停茶叶，一停花始称。"这说明花茶生产已完成了拌香料到香花熏制这样一个大的飞跃，为现代花茶生产奠定了基础。南宋陈景沂的《全芳备祖》云"茉莉薰茶及烹茶尤香"，说明当时用香花窨茶花茶制作方法已经出现。南宋施岳记载，用茉莉花通过"容"而达到"贮秋韵"于茶叶之中，并且最后还要焙干，其制作原理与现代花茶制法已较近似。但这个时期，茉莉花茶主要是文人雅士的自给性生产，还没有作为商品生产进入贸易行列。

　　明朝时期，茉莉花茶窨制技术得到较大发展。明代徐𤇍所撰《茗谭》中说："吴中顾元庆《茶谱》，取诸花和茶藏之，殊夺真味，闽人多以茉莉之属，浸水瀹茶。"《福州府志》记载，明万历年间，福州产茉莉花茶。由此可知，福州用茉莉花窨制茶叶至今已有近400年历史了。当然，那时也不是大批量的商品性生产。

到清咸丰年间（1851—1861），在福州的长乐帮茶号生顺、大生福、李祥春，以及北京汪正大茶号等10多家茶庄，首先开始窨制茉莉花，畅销华北。福建具备了提供优质茶坯与茉莉鲜花的地域条件，为大量生产茉莉花茶奠定了基础。港门经济的繁荣与兴盛，促进了茉莉花茶生产经营事业的发展。据记载，北京、天津、山东、安徽及福州本地茶商纷纷在福州设厂，从安徽、浙江、福建绿茶产区调运"毛峰""旗枪""大方""碧螺春""龙井"及烘青、炒青绿茶到福州加工窨制茉莉花茶。1900—1931年间，福州城内经营茉莉花茶生意的省内外茶商有80多家，除了开行、设庄、办厂，还结成了天津帮、平徽帮、茶庄帮等行帮88家。茉莉花的种植也由长乐扩大到福州郊区和闽侯一带。福州成为全国花茶生产中心与集散地，步入了花茶商品性生产时代。

19世纪英国人罗伯特·福琼在《在茶叶的故乡——中国的旅游》一书所绘的挑茶叶的工人

二

『中国春天的味道』——

（一）悠悠闽都茶

　　福建是我国最早种植茶叶的地区，其产茶历史悠久，可追溯到1200多年前。陆羽曾评价福建茶叶"岭南：生福州、建州……福州生闽方山山阴……往往得之，其味甚佳"。古代产茶"唐称阳羡，宋推建安，入明则武夷最胜"。及至晚清，福建更是名茶迭出。

　　福州的茶叶有史可查者，也始于唐代。当时闽茶已成为贡品，声名远播。据明朝万历《福州府志》记载，福州所属各县无不产茶，其中以"方山茶"和"鼓山茶"最为著名。唐代李肇《国史补》及《唐

清代福州北峰茶园（约翰·汤姆森摄于 1870 年）

———
清代福州鼓山茶园梯田（约翰·汤姆森摄于 1870 年）

书·地理志》记载，福州有"方山之露芽"。方山即是闽侯五虎山，因从福州向南望去，山的形状端方如几而得名。鼓山因交通便利，山泉清澈，品茶时可以看江阔天空，鼓山柏岩茶（又称半岩茶）也一直被文人墨客所推崇。周亮工在《闽小记·鼓山茶》中提到"鼓山半岩茶，色香风味，当为闽中第一，不让虎丘、龙井也"。

闽水泱泱，闽山苍苍，煎茶胜地，物华天宝。天然的纬度、气候优势，独特的光照、土壤条件，让福州这片茉莉花最佳栽培区和茶叶传统产区，孕育了馥郁幽长的茉莉和清香鲜醇的优质绿茶，成全了茉莉花和茶的完美相遇。时光的拣选，静夜的窨制，炭火的烘焙，福州先民细腻而精湛的工艺，成就了福州茉莉花茶清香静雅的气韵和隽永醇厚的滋味，使福州茉莉花茶当仁不让地成为花茶中的翘楚，其独特的韵味历久不衰。

自北宋到明清，福州茉莉花茶一般是当地文人墨客之间小量赠送的特产，很少作为商品出售。五口通商以后的清咸丰年间，开始大批量商品性生产。到 20 世纪初，仅福州就有六七十家茶行从事茉莉花茶的经营。

清末福州茶店

近代以来，随着对外贸易的日益繁荣，福州茉莉花茶更是盛名远播，蜚声海外。在 19 世纪 60—70 年代茶叶贸易的鼎盛时期，福州港茶叶年出口量一度达到 4659 万磅，成为世界上最大的茶叶港口。为了追求快捷速达的新茶运送速度，一种快速的"中国茶叶飞剪船"应运而生。1.5 万海里的航行时间，由半年时间的航程缩短至 99 天，

1876—1877 年，日本（左）、法国（中）驻福州领事馆，之后右边房屋也成为美国驻福州领事馆（哈佛大学哈佛燕京图书馆收藏）

真是一个催人奋进的时代。因茶而设的泛船浦闽海关，在其周边一带，一派繁荣景象。福州南台岛面积不过一平方公里的区域内，先后有 17 个国家设驻领事馆：英国、美国、法国、荷兰、葡萄牙、西班牙、瑞典、挪威、丹麦、德国、俄国、日本、奥地利、匈牙利、比利时、意大利、墨西哥。各国洋行 20 余家，茶行林立。基于难堪的福州暑热，1886 年，英国领事馆馆医 S.F. 任尼率先在海拔 800—900 米的鼓岭宜夏村建起了第一幢英式别墅，以避暑热。之后，各国人士争相效仿，相继在鼓岭建了近 400 栋别墅。外国茶商在鼓岭

1891—1905 年，福州烟台山上的同珍洋行曾作为俄国商人的茶行（摄于 19 世纪
70 年代，引自日本东洋文库莫理循收藏相册）

清末福州鼓岭宜夏村外国茶商集资建的万国公益社（引自《裨益知家书》）

集资建了万国公益社，以举办茶会、酒会、舞会，还建设了教堂、邮局等。当时在鼓岭避暑的外国人有数千人，邮局的邮递员每天从山上送信下山两趟，可见当年鼓岭之繁华。他们因茶而来，形成外国人春天在福州南台泛船浦闽海关收茶叶，端午节划龙舟过后去鼓岭避暑，重阳节过后下山买茉莉花茶的习惯，从原来一年只有一季茶改为一年两季茶。从欧洲的航海记录中可以看到，当时秋季从福州出发的船主要运输货物就是茉莉花茶。

一朵花，一叶茶，成就了福州茉莉花茶的传奇。一缕香，一座城，也成为福州人共同的家园文化，福州茉莉花茶成为这座城市的味道。曾经，福州城内外尽是"千家万户遍植茉莉，妇孺白首皆焙绿茶"。在老福州人的记忆里，"一担茉莉一担金"，福州茉莉花茶曾给福州带来滚滚的财源。"天晴空翠满，五指拂云来。树树奇南结，家家茉莉开。"这首诗正是福州城内外茉莉花繁盛景象的真实写照。当时的福州，茉莉花开时节，花香氤氲，恍如一座花城。"闽边江口是奴家，君若闲时来吃茶。土墙木扇青瓦屋，门前一田茉莉花。"忙碌之后，啜饮一杯茉莉花茶，哼唱一首小曲，细听一折评话，在茶摊酒肆，在庭前院后，在日午月夜，清新诗意的田园风光和安逸恬淡的农耕生活满满地充盈在福州这方土地上，充盈在福州人的家园记忆中。

城因茶靓，茶因城兴，在千百年的茶城互融互动中，福州茉莉花茶与福州城共生共荣。

在谈到慈禧太后与茉莉花茶之前，要先说说著名的旅美女作家德龄公主。

德龄是清末外交官裕庚的女儿，满洲正白旗人，母亲是法国人。1886 年出生于武昌，后随父在荆州、沙市度过了童年及青少年时代。裕庚出使国外期间子女均随行，在日本，德龄学习了日文、法文、英文，以及日本插花、日本舞蹈、音乐和芭蕾。6 年的国外生活，使德龄这样一个东方女子具有开阔的视野和渊博的学识。1902 年冬，裕庚任满归国，被赏给太仆寺少卿衔，留京养病。17 岁的德龄也随父回到北京。此时的慈禧已被外国人的兵舰、大炮吓破了胆，急欲讨好各国使节和他们的夫人，她从庆亲王那里得知裕庚的两个女儿通晓外文及西方礼仪，便下旨召裕庚太太带女入宫觐见。德龄和容龄因其活泼天真的性格、娴熟的社交能力而受到慈禧的青睐。为了进一步了解西方，同时也便于与西方国家驻华使节的夫人们接触交往，慈禧便将姐妹俩一并留在身边做了传译（翻译），德龄和容龄由此成为皇太后身边的紫禁城女官。德龄、容龄这两位"海归派"的到来，给古老的紫禁城带来了一股时尚之风。

德龄公主与慈禧太后朝夕相伴长达两年之久，她对慈禧太后的饮食起居、生活情趣和内心世界进行了细致入微的观察，并写成了《清宫二年记》。其中，关于慈禧太后的生活起居的记录中有这样一段描述："其头饰上，珠宝之中，仍簪鲜花。白茉莉，其最爱者。皇后与宫眷，不得簪鲜花，但出于太后殊恩而赏之则可。余等可簪

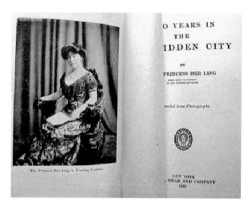

德龄公主著《清宫二年记》

慈禧太后将茉莉花簪于头饰上

慈禧太后头簪茉莉花，接见外国公使，并请她们品尝福州茉莉花茶

珠与玉之类。太后谓鲜花仅彼可用。"可见，慈禧太后对茉莉花有特殊的偏爱。而后，由于花茶工艺的改良，福州茉莉花茶成为贡品。慈禧太后最爱喝的是茉莉双熏，即将事先熏制的福州茉莉花茶在饮之前再用鲜茉莉花熏制一次。她在冬季饮福州茉莉花茶时，还特别要用黄釉"万寿无疆"瓷盖碗。

慈禧太后对茉莉与茉莉花茶的喜爱与推崇，很快在宫里宫外的京官中流行起来，茉莉与茉莉花茶变成了一种时尚生活的追求。皇室贵族、外交使节逐渐时髦喝盖碗的福州茉莉花茶。由此，福州茉莉花茶身价倍增，也带动了茉莉花茶产业的发展。据统计，1900年福州茉莉花茶产量达1500吨，1933年增至7500吨。可见，当时茉莉花多么受人追捧。

（三）西方贵族的追求

中国茶叶传入世界各地，茶叶这一饮料深受西方贵族的喜爱与追捧。福州大港的开埠，更为茶叶的外销打开了一扇门。

福州的茶叶贸易直接影响着西方。在西欧语言的茶叶发音中，荷兰语的THEE、德语的TEE、英语的TEA、法语的THÉ等均属于福州—泉州地区的发音，因为福州话的茶发音为da，泉州为dia，福建话中d和t同音，故最早对西欧进行茶叶贸易的福州—泉州地区的发音成为英语TEA等的由来。当时，福州茶、福州塔（罗星塔）成为中国重要的标志。

福州罗星塔曾经是中国重要的标志（1855 年埃德温船长绘）

　　1685 年以前，中国对欧洲的茶路由葡萄牙、荷兰、西班牙人轮番控制。1588 年英国人与西班牙的无敌舰队打了一场大战。覆灭西班牙以后，通过三次英荷战争，英国人获得了海上霸权，从而控制了欧洲贵族的需求——中国茶。由于英国到中国的航路当时需要一年左右，在高温高湿的船舱底部，茶容易变质，所以 18 世纪至 19 世纪中叶，欧洲人只能喝到中国的中低端茶叶。欧洲人十分期望能喝到上好的中国茶。

　　具有中国最大的茶叶港口的福州，产出的茉莉花茶被外国人认知后很快就身价不菲。1866 年以后的飞剪船使航路缩短到 100 天，使大量的福州茉莉花茶出口成为可能，于是它很快就成为西方贵族趋之若鹜的名贵茶。茉莉花茶的价格要比其他茶叶高 5—10 倍（茉莉蛾眉 1900 年出口价格 80 两 / 担，同期最好的红茶和

晚清福州茶港（约翰·汤姆森摄于 1870 年）

绿茶均为 18—20 两／担），所以茉莉花茶一直是小众的贵族享用的茶，高档的只占出口的 1%。它是只有福州出产的产品，国外不能生产，垄断性好，政府一直鼓励出口。1903 年，福建闽浙总督许应骙委派福州知府冯祥光参加大阪博览会，携带的闽茶展品中就有蛾眉花香茶一箱。

20 世纪 50 年代，苏联茶叶专家小组来福州考察时提出："二战时，在莫斯科博物馆里还保存着福州产的蛾眉茉莉花茶仍未变质，现在是否还有生产？"据当时已经 60 多岁的林木隆老师傅回忆，50 多年前的福州曾生产过一种蛾眉花茶，此茶系精选在清明节之前采的嫩如飞蛾的触角"眉毛"般的茶芽，采用夏天最优质的茉莉花为原料窨制而成。因此，可以这么说，福州茉莉花茶的历史地位与影响力非同寻常。在这之后，福州茶厂立即组织技术攻关，恢复生产，挽救失传了多年的品牌产品。福州蛾眉花茶作为 1956 年的国庆礼茶送交国家礼宾司，之后成为惯例，成为国宾礼茶，作为招待外宾的专用品牌产品。

19 世纪中叶至 20 世纪 30 年代，福州茉莉花茶生产发展达到历史上鼎盛时期，其间，许多外国商人来福州开洋行做茶叶生意，大量收购福州茉莉花茶。咸丰十年（1860），福州茶叶出口 400 万磅，占全国茶叶出口总额的 35%。由于洋行经营茶叶逐年增多，咸丰十一年，福州泛船浦设立了闽海关（洋关），福州茶港很快就崛起而成为中国三大茶市之一。1859 年，福州茶港出口量 4659 万磅，超过上海、广州，成为世界上最大的茶叶市场。19 世纪末，福州茉莉花茶开始大量远销欧美、南洋各地。仅 1910 年经英商裕昌洋行

19 世纪中国塔（罗星塔）海域上商船繁忙景象（油画）

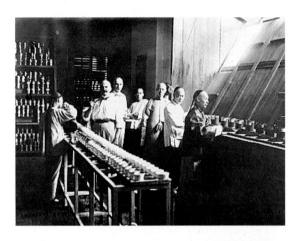

1890 年，英国茶商在福州茶叶评审室品茶

琉球人设在福州的太吉茶栈（摄于 1937 年，引自《福州旧影》）

运销俄、英的就有 54 吨。1914 年以前，福州茉莉花茶年出口量在 2500 吨左右。据不完全统计，1927 年福州出口茉莉花茶 420 吨，1928 年 570 吨，1937 年达 3570 吨，为历史上福州茉莉花茶出口最高数量。

福州茉莉花茶产业的发展始终与国家的发展荣辱相随。1941 年太平洋战争爆发后，茉莉花茶外销欧美的海路断绝，直至中华人民共和国成立之前这段时期，福州茉莉花茶的生产十分萧条。

（四）再窨茉莉香

　　1949 年中华人民共和国成立后，建立了国营茶厂，并对私营茶商进行了改造，福州茉莉花茶产业重获生机。1956 年，经营茶叶的全行业实现公私合营。福州很快创办了全国最大的茉莉花茶加工企业——福州茶厂。只用 5 年时间，福州茉莉花茶产量达到了新中国成立初期的 3 倍以上。到 20 世纪 60 年代，福州茉莉花茶已远销 22 个国家和地区。

1953 年，福州茶厂女工拣梗场景（福州茶厂供图）

——
1955 年，苏联茶叶专家参观福州茶厂，寻找福州蛾眉茉莉花茶（福州茶厂供图）

——
1958 年，福州茶厂工人在搬运"苗"字号福州茉莉花茶。该茶曾风靡一时，供不应求（福州茶厂供图）

　　1986 年，茶叶由国家专营商品转变为市场自由贸易商品，极大地解放了生产力。同年，福州市政府决定将茉莉花定为福州市花。福州茉莉花茶的巨大市场影响力和良好的生产效益，吸引了众多福州人加入茶业生产和销售行列，福州茉莉花茶生产和贸易欣欣向荣，福州的茉莉花种植业和茉莉花茶加工也再现风华，进入了第二次历史高峰期，而且是历史的巅峰时期。20 世纪 80 年代，福州城郊的城门、建新一带茉莉花茶生产加工厂家剧增到 300 多家。茉莉花种植面积达 2000 多公顷，茉莉花茶年加工量接近 2 万多吨，占全国茉莉花茶年加工量的 2/3 左右。当时的年产值就达 6 亿元，产品销向全国各地。

进入新世纪以后，福州市委、市政府意识到扶持、壮大、振兴福州茉莉花茶产业，打造福州茉莉花茶地域文化品牌，已刻不容缓。福建农林大学教授杨江帆、叶乃兴等一批长期矢志研究福州茉莉花茶的专家学者率先提出了振兴福州茉莉花茶战略规划，与春伦、闽榕等福州茉莉花茶企业合作共建茉莉花研究重点实验室，深入研究福州茉莉花茶保健等功效，提高茶叶产品品质，提升福州茉莉花茶商品价值；积极向世界茶叶委员会等境内外茶界宣传推广福州茉莉花茶文化。福州市委、市政府出台了一系列扶持政策，对新植茉莉花生产基地给予财政补贴，发展扩大茉莉花种植面积，成立福州海峡两岸茶业交流协会，承办了世界茉莉花茶发源地等多场世界级茶业盛会，推广福州茉莉花茶地域特色文化品牌，优化产业发展环境，提振市场信心。春伦等福州茉莉花茶生产知名企业积极响应福州市

福州得天独厚的生态环境条件，生产出了优质茶叶（范本仁供图）

2009 年福州茉莉花茶
茶王赛颁奖仪式（福
州市农业局供图）

大力发展茉莉花茶产业，打造中国茉莉花茶之都的振兴战略，开展
了一系列福州茉莉花茶文化品牌推广活动，助力福州茉莉花茶的复
兴。福州茉莉花茶产业走上了一条政府主导、专家献智、企业出资、
群众参与的复兴之路，迎来了产业发展的春天。

2008 年 1 月，福州茉莉花茶被国家工商总局商标局核准为地理
标志证明商标。2009 年 9 月，国家质检总局批准对福州茉莉花茶实
施地理标志产品保护，福州茉莉花茶成为中国也是世界唯一的茉莉
花茶类地理标志保护产品；同年 11 月，农业部通过对福州茉莉花
茶实施国家农产品地理标志保护。2009 年，由 35 家茉莉花茶生产、
销售及科研单位组成的福州茉莉花茶产业联盟成立，春伦集团董事
长傅天龙当任理事长，春伦等福州茉莉花茶行业领军茶企"抱团发
展"，共同谋划做大茉莉花茶产业。

2010 年，在著名泛船埔的旧址，新的茉莉花茶一条街隆重开街。
2011 年 10 月，国际茶叶委员会在国际茉莉花茶发源地会议上授予
福州市"世界茉莉花茶发源地"称号；2012 年 10 月，国际茶叶委
员会在世界茉莉花茶文化鼓岭论坛上授予福州茉莉花茶"世界名茶"

2011 年，在"2011 国际茉莉花发源地"会议上，国际茶叶委员会主席迈克·奔斯顿授予福州市"世界茉莉花茶发源地"称号（福州市农业局供图）

2012 年，国际茶叶委员会在"2012 世界茉莉花茶文化鼓岭论坛"上授予福州茉莉花茶"世界名茶"称号

2014 年，福州茉莉花及茶文化系统入选"全球重要农业文化遗产"（福州市农业局供图）

在联合国粮农组织总部（罗马），外国友人品尝福州茉莉花茶（福州市农业局供图）

称号；2014 年 4 月，在联合国粮农组织举办的有关会议上，福州茉莉花及茶文化系统入选"全球重要农业文化遗产"。

在各界人士的不断努力下，近年来福州市内茉莉花种植面积、年产量、年产值呈逐年递增态势。目前，福州辖区的茉莉花种植面积达 1000 公顷（1.5 万亩），辐射周边面积 1200 公顷（1.8 万亩），闽江、乌龙江、马江、敖江、大樟溪等"四江一溪"沿岸形成了绿意盎然的茉莉花园生态走廊。闽清、罗源、永泰等 7 个高山县区的生态茶叶园区也已初步建成。福州茉莉花茶生产企业已从最低谷时期的 20 多家恢复到 100 多家。在 2013 年中国茶叶区域公共品牌价值评估中，福州茉莉花茶品牌价值已达到 21.91 亿元。

潮平两岸阔，风正一帆悬。福州茉莉花茶在政府的扶持下，在各界人士的呵护下，必将迎来又一个香气氤氲的春天。

福州南台岛千亩茉莉花生产基地（闽榕茶业有限公司供图）

（五）伟人名人花茶情

孙中山爱"吃茶"

1912 年 4 月 22 日，孙中山先生在世界最大的茶港——福州泛船浦上岸，到广东会馆向茶商宣传革命理念，募集革命资金，得到福州各界的大力支持。在榕期间，他还到清代著名船政大臣沈葆桢后人沈秉焯家中"吃茶"。孙中山先生呷了口茶，连声叫好。沈秉焯告诉孙先生："此茶乃特别加工的茉莉花茶。福州不是'喝茶'，是'吃茶'，与广州不一样。"孙中山先生按"吃茶"法吃茶后感觉更好，忙问："可还有此茶？"沈秉焯当即就叫人送一包给孙中山先生。这时，突然来报有急事，孙中山就连忙起身，匆匆忙忙离开，连帽子也忘了戴。临行前，他交代说，让沈府保存好茶叶制作工艺，他还要来"吃茶"、取茶。可惜，孙中山因为国事繁忙，到他逝世前都未能到沈府取茶。据说，孙中山派人到福州找茶商募捐时，福州茉莉花茶同业公会各商家无不慷慨解囊资助，福州著名的生顺茶栈老板欧阳康一口气就带头捐出白银五万两及金条若干，以示支持。他的三弟欧阳均跟随孙中山，欧阳康一直负责照顾三弟的子女直至成人。这成了茶商支援革命的一段佳话。

毛主席的茉莉花茶情愫

1949 年后，福州茉莉花茶已远销 22 个国家和地区。福州茶厂生产的外事礼茶一直被列为外交部礼茶。改革开放前，我国出口的茉莉花茶 100% 为福州出产，同时福州茉莉花茶还占内销的 40% 左右，是凭票供应的紧俏产品。北京人常说的"京味茉莉花茶"，指的就是福州茉莉花茶。

1972 年，毛主席在书房会见尼克松总统时，桌上就摆放着用福州茉莉花茶冲泡的两杯茶。基辛格在回忆录中说："我们第一眼看见的是一排摆成半圆形的沙发，都有棕色的布套，犹如一个俭省的中产阶级家庭因为家具太贵、更换不起而着意加以保护一样。每两张沙发之间有一张铺着白布的 V 字形茶几，正好填补两张沙发扶手间的三角形空隙。毛泽东身旁的茶几上总堆着书，只剩下一个放茉莉花茶茶杯的地方。"足见毛主席对福州茉莉花茶的喜爱。

朱委员长为福州茉莉花茶点赞

1961 年的一天，对福州茶厂来说，是一个极为特殊的日子：他们接到通知，朱德委员长和夫人康克清将来厂考察参观。福州茶厂全体工作人员为了迎接朱德委员长一行进行了精心的准备与安排。朱委员长一行进厂后，非常认真地参观了福州茉莉花茶生产流程，仔细参观每一台制茶机器。当行至烘干机输送带前，工作人员将新制的花茶捧至朱委员长面前时，朱委员长微微地俯身深吸了一口气，点头称赞："香！"多么简洁的语言，一语道出了福州茉莉花茶的真正内涵。

冰心咏茶思乡的情怀

冰心，近当代著名作家。她在《我家的茶事》中写道："茉莉香片是福建的特产。我从小就看见我父亲喝茶的盖碗里，足足有半杯茶叶，浓得发苦。发苦的茶，我从来不敢喝。我总是先倒大半杯开水，然后从父亲的杯里，兑一点浓茶，颜色是浅黄的。那只是止渴，而不是品茗……抗战时期，我们从沦陷的北平，先到了云南，两年后又到重庆……百无聊赖之中，我一面用'男士'的笔名，写着《关于女人》的游戏文学来挣稿费，一面沏着福建乡亲送我的茉莉香片来解渴。这时总想起我故去的祖父和父亲，而感到'茶'的特别香冽。我虽然不敢沏得太浓，却是从那时起一直喝到现在！"

1955 年 12 月，冰心以人大代表身份回福建视察。这是她时隔 40 多年后的首次返乡之行，也是她一生中最后一次返乡。在短短一个月的行程中，她对故乡的青山绿水、一草一木都充满无限的爱恋之情。她到过福州、厦门、泉州等地方，发表了长篇散文《还乡杂记》。她说："我故乡走的地方不多，但古迹、侨乡，到处可见，福建华侨，遍于天下。我所到过的亚、非、欧、美各国都见到辛苦创业的福建侨民，握手之余，情溢言表。在他们家里、店里，吃着福州菜，喝着茉莉花茶，使我觉得作为一个福建人是四海都有家的。"

位于长乐市的冰心文学馆（郑廼辉供图）

据说，冰心晚年在门上贴有"医嘱谢客"四个大字，但她对来自故乡的人却总是网开一面。约定好了的，她便早早泡好茶，静静地等候；纵是没有预约而贸然上门的，如若门里的冰心听说是来自故乡的客人，也会破例接待。章武在《世纪同龄人的乡思——冰心侧影》中描述说："大门敞开着，从屋里飘来一阵我们所熟悉的香味。没错，家乡的茉莉花香！清清的，淡淡的，撩人乡思的香味啊！我们走近了客厅，只看见一位熟悉的、慈祥的老人从八仙桌边挂着木拐杖站了起来，朗声说道：'知道你们要来，瞧，我都沏好了家乡的茉莉花茶等着呢！'"冰心浓浓的情，都化在一杯茉莉花茶中。

老舍酷爱茉莉花茶

老舍生前有个习惯，就是边饮茶边写作。旧时"老北京"爱喝茶，晨起喝茶是他们的传统生活方式。北京人最喜喝的是花茶，老

位于北京前门西大街的老舍茶馆

舍先生也不例外，他也酷爱花茶。他喝的这类"香片"，就是福州茉莉花茶。

老舍与冰心友情深厚，老舍常往登门拜访。每逢去冰心家作客，一进门便大声问："客人来了，茶泡好了没有？"冰心总是不负老舍茶兴，用家乡福建盛产的茉莉香片款待老舍。浓浓的馥郁花香，老舍闻香品味，啧啧称好。他们茶情至深，茶谊至浓，老舍后来曾写过一首七律赠给冰心夫妇，开头首联是："中年喜到故人家，挥汗频频索好茶。"怀念他们抗战时在重庆艰苦岁月中结下的茶谊。老舍著名的代表作《茶馆》，是他体验中国茶馆文化现象至深而创作的文艺作品。

三

榕城茶香遗韵

——

（一）榕城茶的遗迹遗址

茶亭

福州的茶亭街是一个典型因茶而名的历史遗迹。历史上很多交通要道都建有一些亭台楼阁，亭内供应茶水，通常称作茶亭。福州平原的田野里，自古也建有不少茶亭，以供耕耘者休憩、避风和躲雨之用。除了做小生意的常在亭内供应糕饼茶点外，更有慈善家在亭内施茶。

福州的茶亭街，如今地理位置从南门兜至洋头口的这段路，是从城区通往台江的必经之路。根据王应山《闽都记》载："茶亭在南门外，昔有僧以暑月酿金煮茗饮行者，因名。"古时由台江汛进入福州城，均要在一段田野池塘边的小路盘桓许久，路又小又滑，愁煞了过往行人。夏日暑天，路人被晒得皮灼肉炙，遇上雷阵雨，更是无处藏身。有个过境的老僧人，路上看到行人叫苦不迭，便用

茶亭公园

化缘来的银两，在这段路上搭盖一座小凉亭，整日烹茶施舍行人。从此，福州人便把这段地名称为茶亭。据说，当时有一对亭联是："山好好，水好好，开口一笑无烦恼；来匆匆，去匆匆，饮茶几杯各西东。"台江一带居民和商旅要进福州城内需经洋头口至南门兜，过往行人极多，后来便修筑了马路，并以茶亭来命名这一条街道。茶亭一带也是历史上福州茉莉花茶生产与经营的重要区域。

随着交通的发展，田间水浦和道路之间修筑起了多座桥梁，包括茶亭桥、福德桥、六柱桥、板桥等。清末，茶亭已成街市，铺砌一条狭窄的石板路，鸟瞰好像一把扁担，北头挑着城内，南头挑着南台。如今南门兜至洋头口路段，人们仍然习惯叫它为茶亭。

茶会村

福州东门外有个村庄叫做茶会村，隶属于晋安区鼓山镇。

历史上福州郊外的北岭、鼓岭和鼓山一带种植茶树比较普遍，这一带的茶农挑着毛茶到进福州城必经的一个小村庄，将毛茶焙制加工成成品茶叶，以便运到福州城出售。茶农挑来的毛茶，在这一村庄加工，一时之间，这一小村庄茶叶焙制作坊林立，茶焙或茶焙村由此得名。因为"焙"与"会"福州音接近，茶会村由此而来，并沿用至今。如今，茶会村的东头还保留一所"茶场福境"的镏金横匾古建筑。

茶园、茶园山

茶园、茶园山，显而易见，这里曾是茶的种植园。

茶园，位于西二环路和晋安河交叉处附近，也是由于古时有一片茶园而得名。今天可以看到茶园小学、茶园派出所等以茶园命名的单位。

茶园山，位于城西杨桥路西段，同样因曾是茶园而得名。如今，可以见到茶园山小学、茶园山新村、茶园山公交站点等以茶园山命名的学校、生活小区及公交站点。

鼓山古茶园遗址

在鼓山管理处办公楼松涛楼右侧，有一条下山的古道，石径两边是茂密树林，沿着古道一直往下走，有一座舍利院，是以前和尚们养老的地方。沿舍利院前面的古道走到一个岔口，岔口处有一座

鼓山古茶园遗址，曾生产唐代名茶（引自《中国福建茶叶》）

小的海会塔,处于鼓山的半山腰,海拔 400 多米,那里有一座立有"南无阿弥陀佛"古碑的亭子。海会塔和亭子面向一大片地势低洼的开阔地,两边是郁郁葱葱的柏树林,据说这个叫舍利窟的地方就是古代的旧茶园遗址。舍利窟因地形类似福州民间竹子编成用于捞东西的"笊篱",故又称"笊篱壑"。居民在这里倚岩架屋,所以种在这里的茶,叫半岩茶,也叫柏岩茶。

鼓山涌泉寺、龙头泉

梁开平二年(908),闽王王审知建鼓山涌泉寺,把犯人关在这里种茶,加工贡茶。

位于灵源洞的龙头泉,据说是神晏喝水倒流,从后山石壁涌出

1920 年,福州涌泉寺(引自《流年似水》)

之处。元朝延祐二年（1315），后人把这股水引入石制的龙头嘴，后称为龙头泉。龙头泉在涌泉寺喝水岩附近，久旱不竭，清冽甘甜，这里设有茶室。据说用龙头泉泡的茶水高出杯沿，水面上放一枚硬币，水也不会溢出。这是因为优质泉水比重大，表面张力大，所以不会溢出，故有"灵源"之称。

鼓山茶事石碑

在涌泉寺地藏殿外通道上，紧挨着一排古石碑，其中一块碑额上刻着"重兴鼓山碑记"，碑记落款是"同治十二年十二月旦合山大众各执事同勒石"。在这块石碑的左侧还有一行字："十二年（注：清同治十二年，1873年）取回崇安县（注：今武夷山市）天心岩茶山心池大和尚买朴头坵中则田壹亩六分零。"

据说，历史上武夷山的天心寺与鼓山寺有着一段割舍不断的情缘。位于武夷山景区中心天心

福州鼓山涌泉寺石碑（福州市博物馆供图）

岩上的天心寺是武夷山现存最大的寺院。据史书记载，天心寺（初名山心庵）的扣冰古佛（844—928，法名藻光）与鼓山涌泉寺的住持神晏（863—939）同为闽侯雪峰寺开山祖师义存的弟子，两人有早期的茶交流。梁天成三年（928），闽王王延钧将85岁的扣冰古佛延请到福州，拜以国师。王延钧在扣冰古佛的影响下，倡导"吃茶"之道，净化人心，使鼓山茶得到迅速发展。这些史实和碑文记载，说明福州和武夷山两地佛教界茶界有交流，鼓山半岩茶与武夷山岩茶有渊源关系。

（二）榕城茶俗茶事

温泉澡堂与茉莉花茶

据史料记载，福州温泉开发利用历史已有1800多年。早在北宋时期，已建起了"官汤""民汤"。20世纪初，福州温泉洗浴业更是达到辉煌和鼎盛时期，澡堂数量达50多座。福州的"汤"文化是闽都传统文化的重要组成部分。如今对外开放的还有知名的7家老澡堂——三山座、温泉、醒春居、华清楼、德天泉、市直机关澡堂、工人浴室等。目前，根据规划，这些福州老澡堂进行了景观改造，更新部分设备设施，提升澡堂内部就浴环境，配以石板池、木屐、竹藤躺椅、木衣架等元素，增配搓背、推拿捏敲等休闲技艺。为了凸显老字号澡堂的韵味，还增加了福州茉莉花茶的供应。据一些福州老人回忆，20世纪70年代至90年代，上澡堂泡澡可是老福州人

老福州人泡完温泉，躺在竹椅上，品茉莉花茶，过闲适生活

的一种生活习惯。那时，三五成群，邻里相聚一起，边泡澡边聊天，边流着汗边喝着茉莉花茶，尤其是泡完澡后，趟在竹藤躺椅上，听着木屐穿梭其中的声响，十分惬意。温汤澡堂与芬芳的茉莉花茶是福州人难以抹去的一缕情怀。

福州茶摊与茉莉花茶

茉莉花茶饱含着福州老一辈人的牵挂与荣光，茉莉花的芬芳与茶香相互交融，浓浓淡淡千回百转，凝固了老福州人对于茉莉花茶的芬芳记忆。福州的茶摊过去很兴旺，东街口、三坊七巷、塔巷附近都有比较著名的茶摊，出售茉莉花茶。花上五个铜板，人们就可以在茶摊上休息一个下午，一边喝茶一边听说书。在茶摊里，官员、文化人和平民都一块过着同等的生活。到茶摊里，躺在竹躺椅上，摊主就会送上一杯茉莉花茶（称香片），让客人品茶。一群人围坐着，喝上一口茉莉花茶，聊一些有趣的福州民俗，讲几段福州民间故事，吟唱一段福州民谣，快活似神仙。茶摊里可表演曲艺，或创作诗词等，可以说是一个弘扬福州民间文化的地方。如今，福州茶摊没有了，取而代之的茶馆、茶会所比比皆是。

茶担

福州人在漫长的饮茶历史过程中，产生了独特的茶担。茶担看起来比较简陋，但有关饮茶服务的设备却很周全。一挑担子，两头是木制的小厨。厨子中大茶壶、盖杯、茶叶、水烟筒、旱烟筒、烟丝等一应俱全。谁家有红白喜丧事，随叫随到。茶担一般摆在举办红白喜丧事人家大门的里侧。视客人的多寡决定茶桌，以便供来客饮茶谈天。

客人一迈进大门，茶担师傅就会立即递过来一条热乎乎的湿的新毛巾，供客人擦脸。接着便是递烟敬茶，热情周到。通常，家里有了婚丧喜庆，家宴少则三五桌，多则十几桌，也就是说客人少则三五十人，多则一两百人，主人应接不暇，而茶担师傅为主人代劳了。一般的客人擦过脸、吸过烟、喝过茶后，就步入大厅向主人贺喜或哀悼。如果是贵宾，贺喜或哀悼结束后，就会被引进小客厅休息、喝茶。如是一般客人，自己就主动回到茶担边坐下，继续吸烟喝茶，并和熟人搭腔，天南地北，无所不谈。茶担常与京鼓吹相配合。京鼓吹也是福州专为红白喜丧事服务的一种小行业，是由一只或几只小圆鼓和一把或几把唢呐（福州人俗称"嘀嗒"）组成的小乐队。他们排列在举办红白喜丧事人家大门的外侧。见有客人来到，立即"嘀嗒嘀嗒"地大吹特吹起来，一时间小圆鼓也配合使劲地敲打起来，热闹异常，气氛浓郁。茶担是一种备受福州人欢迎的习俗，是福州极为常见的一种文化现象。

婚礼与茶

福建的茶叶与老百姓的生活息息相关，男婚女嫁也离不开茶。陈耀文《天中记·种茶》卷四："凡种茶树必下子，移植则不复生，故俗聘妇必以茶为礼，义固有所取也。成语'三茶六礼'，犹言明媒正娶。古时娶妻多用茶为聘礼，女子受聘称为'受茶'。'六礼'，即婚姻据以成立的手续：纳采（送礼求婚）、问名（问女方名字与出生日期）、纳吉（送礼订婚）、纳征（送聘礼）、请期（议定婚期）、亲迎（新郎亲自迎娶）六种仪式。经'三茶六礼'娶妻的，被认定为明媒正娶。在福州民间流传着新娘敬花茶的习俗，第一次是'订婚择日敬花茶'；第二次是'结婚喜庆喝花茶'；第三次是'公婆前新娘拜茶'。"

贺寿茶叙（摄于1914年，引自《福州旧影》）

四

茉莉开时香满枝

（一）得天独厚的立地条件

福州是茉莉花茶的起源地，茶与花能够在福州这片土地上生根、发芽、开花、结果，健康茁壮地成长，与福州的地理环境、社会环境是分不开的。

福州是福建省省会，位于中国东南，介于北纬 25° 15′ — 26° 39′ 东经 118° 08′ — 120° 31′ 之间，东临东海，与台湾省隔台湾海峡相望。福州是一座拥有 2200 多年历史的名城。唐开元十三年（725）设福州都督府始称福州。北宋治平三年（1066）太守张伯玉，亲自在衙

17 世纪荷兰人绘制的福州地图

门前种植榕树两棵，并号召百姓普遍种植榕树，因此满城绿荫蔽日，暑不张盖，故又有"榕城"之美称。

　　福州位于福建省东部闽江下游，是全省政治、经济、文化中心，总面积 11968 平方公里。城内有于山、乌山、屏山"三山"鼎峙，闽江宛如绿带穿城而过，因此有"山在城中，城在山内"的美景。"三山一水"的独特风貌也成了榕城市标，故福州亦称"三山"。福州也是中国优秀旅游城市，山清水秀，风光绮丽，名山、名寺、名园、名居繁多，独具滨江滨海和山水园林旅游城市风貌，拥有鼓山、青云山、十八重溪等国家重点风景名胜区。

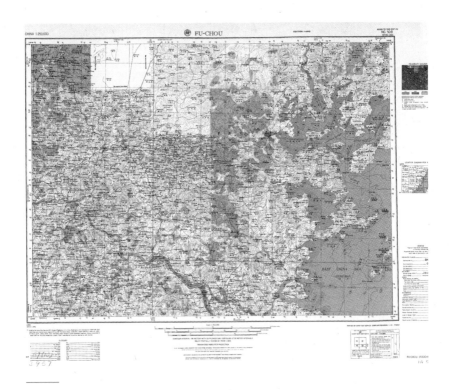

1952 年福州地形图

地理区位

福州全区地貌类型多样，大都是山地与丘陵。闽江下游为福州盆地，盆地内部是冲积平原。福州真是有福之州，其城区处在盆中心，周围群山环抱，使之免受台风等自然灾害的影响。闽江横贯城区，为福州提供了充足的水源和便利的水运交通。

气候条件

福州为亚热带海洋性季风气候。气候温暖湿润，雨量充沛，植被四季常青。在光、热、水的配合上，突出表现为春末夏初的"雨热同期"。福州生态环境多样丰富，是茶树生长的最适宜地区之一。地面水环境质量达国家Ⅱ类标准，环境空气质量达国家Ⅱ级标准，是目前全国少有的宜居良境。

土壤特点

福州地区土壤以偏酸性的红壤、赤红壤、黄壤为主，肥沃疏松，通气排水性能好，非常适宜茉莉生长。福州江边沙洲地白天温度高，晚上降温快，昼夜温差较大，有利于茉莉营养物质的积累，所产茉莉花品质特别优良，花香独特，是其他地区无法企及的。

水资源特点

福州地区河流水系以闽江下游及其支流为主，形成大小溪流纵横交错的江河水系，且水库众多。闽江干流穿过市区，在市区河段的河床坡度平缓，河面宽阔，流速下降，易于沉积，因此沿岸形成大面积的冲积土。冲积土湿润肥沃，透水性好，适宜茉莉生长，因

福州地区溪流纵横，水资源丰富，适于种植茉莉花

而福州茉莉主要沿河岸分布。福州现有各类园林 37 座，市区内河 42 条，小桥、流水、人家，构成了一幅清秀迷人的画卷。著名作家冰心曾这样深情地描绘福州的景致："一九一二年，我在福州时期，考上了福州女子师范学校预科……福州女师的地址，是在城内的花巷，是一所很大的旧家第宅。我记得我们课堂边有一个小池子，池边种着芭蕉。学校里还有一口很大的池塘，池上还有一道石桥，连接在两处亭馆之间。"总之，福州是一个水资源极为丰沛，适于植物生长的地方。

生态环境

福州市内河网纵横，全市森林覆盖率达 65%。独特的地形地貌和丰富的森林、湿地资源，孕育了丰富多样的生物。福州茉莉、茶树的种植区主要在闽侯县、长乐市、连江县和福州市区。该分布区中部属于典型的河口盆地，盆地四周被群山峻岭所环抱，其海拔多为600—1000米。福州茉莉一般种植在江边湿地沙洲。江边洲头到处芳草萋萋、鱼翔浅底，是鸟类等动物的理想栖息地及食物来源地。每年都有成千上万只的越冬候鸟飞临此地栖息，据统计共有鸟类10目19科73种，属国家二级保护的鸟类占总种数的15%；属《中华人民共和国政府和日本国政府保护候鸟及其栖息环境协定》中保护的鸟类有48种，占总数的66%。冲积而成的河流沿岸沙质平原地区为大片茉莉花种植区，每到春、夏、秋季茉莉开花季节，成千上万亩茉莉园中茉莉花竞相开放，雪白如画，香飘全城，形成"山塘日日花成市，园客家家雪满田"的壮丽景观。

福州长乐闽江口湿地是"鸟的天堂"（何川供图）

（二）茉莉这一家

茉莉的属性与特征

茉莉（*Jasminum sambac*）属于被子植物门，双子叶植物纲，菊亚纲，玄参目，木樨科，素馨亚科，素馨属植物。茉莉是一个大家族，品种很多，但在生产上主要的栽培品种依花冠层数分为单瓣茉莉、双瓣茉莉和多瓣茉莉等三个类型。茉莉花树姿基本为直立状态，也有一些为攀藤状的灌木，高度 1~3 米。

单瓣茉莉

单瓣茉莉植株比较矮小，高度不到 1 米，呈藤蔓状，通常也叫藤本茉莉。花冠单层，顶端稍尖，所以又称尖头茉莉。我国的单瓣

福州种单瓣茉莉（叶乃兴供图）

茉莉，经各地多年选育，形成较多的地方良种，产量高、品质好的有福建长乐种、福州种、金华种、台湾种。

福州种单瓣茉莉花香气浓郁悠长，窨制加工的茉莉花茶香气浓厚，滋味鲜爽，品质独特，为双瓣茉莉花所不及。但是，单瓣茉莉产花量较低，管理难度也大，生产上已经极少应用。

台湾种单瓣茉莉特征类同福州种单瓣茉莉，农艺性状与福州种单瓣茉莉、双瓣茉莉差异较大。台湾种单瓣茉莉花香气清爽、鲜灵、纯净，生长势旺盛，繁殖能力强，抗逆性较强，产花量较高。

台湾种单瓣茉莉（叶乃兴供图）

双瓣茉莉

双瓣茉莉俗称广东种茉莉，产量高，适应性强，发展迅速，是目前我国种植的茉莉当家品种。双瓣茉莉为直立丛生的常绿灌木，

双瓣茉莉（叶乃兴供图）

尖头形双瓣茉莉（陈殷供图）

植株高1米左右。双瓣茉莉花香较浓烈，但不及单瓣茉莉花鲜灵、清纯。

近年来，四川犍为县农业局陈殿高级农艺师和福建农林大学茶叶科技与经济研究所发现了一个双瓣茉莉新种质——尖头形双瓣茉莉，比传统圆头形双瓣茉莉株型略小，香气更为清新、幽雅。

多瓣茉莉

多瓣茉莉为小型灌木或攀缘性灌木。多瓣茉莉品种主要有千重茉莉、狮子头茉莉、菊花茉莉、尖瓣茉莉、越南多瓣茉莉、柬埔寨多瓣茉莉、老挝多瓣茉莉、华盖茉莉等。由于多瓣茉莉品种花蕾层数较多，开放较慢，花香也比较淡，极少在香料提取以及花茶生产中应用。但它具有耐旱性强、在山坡旱地生长健壮等特点，这些优质的基因是杂交选育良种的珍贵资源。

多瓣茉莉（左：尖瓣茉莉，叶乃兴供图；右：2—4层尖头多瓣茉莉，陈殿供图）

（三）茉莉开花习性

茉莉花期

茉莉开花期很长，每年从初夏到晚秋在当季的新梢上连续孕蕾开花。茉莉每长一轮新梢就孕育着一轮新花蕾，从新梢萌发到第一朵花蕾成熟可采历时35—45天，从现蕾到开花历时15天左右。

茉莉的品质受品种、树龄、气候、栽培技术等因素的影响。每年7—8月，气温高、日照强，茉莉花产量高、香气品质优。在福建气候条件下，茉莉50%—60%的产量集中在伏花期（见下表）。

茉莉各花期的产量与质量特征

花期	时间	产量（%）	质量
春花（梅花）	7月以前	5—15	花朵小，香气淡且带青味，花质不稳定，质量差
伏花	7—8月	50—60	花朵肥硕饱满，色泽洁白晶莹，香气浓郁且花质稳定，质量最佳
秋花	9月以后	25—40	花朵大而洁白，花香鲜浓，质量佳，但花质不如伏花稳定

茉莉花开放与气温

茉莉开花时间与气温有关，最适宜的茉莉花开放温度为35—37℃。此时茉莉花开放得早，开放率高，颜色洁白，香气浓烈。温

茉莉开花时间与气温关系
密切

度在 35℃以下时，开放所需的时间较长，开放度较小且不均匀。若
低于 25℃，则一般不能开放。如果温度高于 37℃，茉莉花虽能开
放，但不正常，往往花色偏黄，香气低，有闷熟味。若把温度控制
在 20℃左右，能延迟茉莉花蕾开放 10 小时以上；当低温解除之后，
在温度适宜的环境中，茉莉花蕾能很快地开放，香气正常。因此，
在花茶生产过程中通过控制一定温度，可以调节茉莉花蕾的开放时
间，在一定程度上缓和茉莉花洪峰期因加工能力不足而产生的各种
矛盾。

（四）茉莉良种繁育

茉莉结实率低，故不论露地栽培或盆栽都采用无性繁殖。无性
繁殖方法通常有扦插、压条和分株等几种。由于茉莉再生能力强，

采用扦插繁殖，发根较快，成苗率较高，与压条、分株等方法相比，具有工序简便、操作容易、节省材料等优点，因此应用最为普遍。

福州茉莉扦插繁殖有两种方式：一种是直接将茉莉插穗按所定的株行距，扦插于茉莉园中进行分散培育，称为插枝（插条）定植法；另一种是将茉莉插穗预先插于苗圃中，集中培育，待成苗后再移栽到茉莉园中，称为扦插育苗移栽法。插枝定植可省去移栽定植工序，但茉莉苗木长势不匀，容易造成缺丛，且苗期管理不便，所用插穗较多。育苗移栽便于苗期集中管理，移栽时可选择长势较好的茉莉苗进行定植，细弱小苗继续移拼培育或弃用，但移栽较费工，定植后 1 周内仍需加强管理。

茉莉扦插繁殖（叶乃兴供图）

插穗选择

茉莉插穗一般来自台刈更新或整形修剪的枝条。插枝选用生长健壮、无病虫害、直径 3 毫米以上的一年生或二年生新枝。在节位中下部采用平剪或稍斜剪方式剪断枝条，每根插枝保留 2—3 个节位，避免撕裂或损伤腋芽。一般茉莉枝条上段生根效果较好，中段次之，基段较差。

苗圃地的准备

选用土壤为排灌良好、肥沃疏松的沙质土的地块作苗圃。整地时，深耕碎土，剔除杂草，耕细耙平。根据地形、道路、排灌系统、田间管理要求等来确定苗床的排列布置，使之尽可能与道路垂直，以便管理。畦宽 1.0—1.2 米，高 20—30 厘米，两畦之间留走道 40—50 厘米。苗圃四周要开好排灌沟，摊水沟要比畦沟底低 5—6 厘米，以便排水。

扦插时间

茉莉的扦插在春、夏、秋三季均可进行。春插选择越冬芽萌动之前进行，一般在惊蛰至清明之间（3 月上旬至 4 月上旬）；夏插在夏至至小暑之间（6 月下旬至 7 月上旬）；秋插在寒露至霜降之间（10 月上旬至 10 月下旬）。惊蛰至清明这一时期，气温逐渐升高，雨水充足，空气湿度较大，茉莉体内生理活动旺盛，有利于伤口的愈合和不定根的产生，扦插成活率较高；且春插后免遮阴、少浇水，管理方便，成本低。因此，茉莉扦插繁殖时间以春插最适宜。

苗圃管理

及时在苗床上搭架遮阴，以防止太阳暴晒和雨淋，也可保湿防冻。搭架高1米左右，上覆盖遮阳网，遮阳网透光度以30%为宜。日盖夜揭，以促进插穗生根发芽。

一般扦插后的1个月内，晴天气温在28℃以下时，每天傍晚浇水1次；在28℃以上时，早上和傍晚各浇水1次。以后视天气和土壤情况，酌情浇水或沟灌，以保持苗床土壤湿润。春季育苗，则应注意清沟排水。此外，要及时拔除杂草。

插穗发根后要及时追肥，采用"淡肥勤施，逐渐加浓"的原则。可施0.5%的尿素，或酌施稀薄粪水。如果土壤肥沃或者有施基肥，可免施追肥。插穗长出新枝叶后，苗高在15厘米以上时，即可带土护苗移栽至大田或上盆栽培。

（五）茉莉栽培技艺

茉莉定植

选择缓坡、向阳、排灌方便、土层深厚疏松，且肥力较高、呈微酸性的沙壤土种植茉莉。定植前要施足基肥。茉莉移栽定植的时间一般以惊蛰至清明之间较好。茉莉的种植密度一般为每1/15公顷（1亩）1500—2000穴，双瓣茉莉每穴两三株，单瓣茉莉每穴四五株。茉莉幼苗定植后，要及时浇水，以提高成活率。如遇到连续干

茉莉花生产基地

旱的天气，茉莉园土壤发白即应灌溉。若采用沟灌，当水灌至畦高的2/3时即停止进水，待畦面湿润后，立即将水排出园外。

茉莉园沟灌（郑廼辉供图）

中耕培土和施肥管理

茉莉园每年要中耕除草六七次。利用冬季积肥，把河泥、塘泥等肥沃的泥土置于茉莉园的畦沟内，经充分晒白、打碎，在中耕时培于茉莉根颈周围，称之为"添土"或"搭土"。茉莉是多年生喜肥忌瘦的作物，花期长，需要不断补充茉莉生长发育所需要的养分，才能获得高产稳产。入春后首次中耕除草时应施第一次追肥。在梅花孕蕾前再施第二次追肥。此后，每次采完"大水花"疏叶后和孕蕾时都要各施 1 次追肥。整个花期施肥六七次，但白露以后就应停施追肥，否则会促进秋末新梢萌发，越冬时容易遭受冻害。

整形修剪

整形修剪是茉莉栽培管理的一项重要措施。时间一般掌握在新

茉莉生态园（闽榕茶业有限公司供图）

芽萌发前的 3 月份（惊蛰前后）。不同生长时期的茉莉有不同的修剪要求。幼年期茉莉应离地 20—30 厘米处剪去顶梢；青壮年期茉莉剪去上年秋梢，留下伏梢，逐年提高剪口高度，经 2—3 年后进行回剪；衰老期茉莉植株采用台刈更新，用篱剪在离地面 3—5 厘米处将地上部全部剪掉，随后进行培土，加强肥水管理，以促进地上部再发新枝。

疏叶是福州茉莉栽培的重要技艺之一。一般在茉莉采完"大水花"及"小水花"之后，摘掉植株上的部分叶片，让养分集中在生长的枝梢上。疏叶应在春花采完至伏花采完之间进行。疏叶是促进茉莉提早抽蕾、提早开花以及增产的重要技术措施。

田间防寒越冬

茉莉喜温怕冻，抗寒力弱，一般每年 11 月中旬至翌年 4 月上旬属越冬阶段。越冬防冻的方法有埋土法（全株埋土法、埋土盖膜法和台刈埋土法）、盖草法、保草法和搭架覆盖法。

五

『你中有我，我中有你』——

（一）茉莉花茶窨制原理

茉莉花茶的窨制原理说起来十分简单，就是利用茶坯（用于窨制花茶的茶叶）的吸附性能，鲜花的吐香性能，将两者放置在一起，经过一个时间段一吐一吸的静置过程，让茶坯吸收花香，变成带有茉莉花香的花茶。形象地说，"花茶是借了茶的骨，重新凝结出了极致鲜灵的花香茶"。

茶坯的吸香禀赋

茶坯具有吸香性能，是因为它的疏松多孔的物质特性。茶叶在制作加工过程，组织结构中的水几乎完全挥发掉，形成了大量的孔隙，有较大的表面积，这些孔隙是吸附作用的基础。吸附特性的强弱与孔隙分布密度、大小等有关。一般认为孔隙大小在毛细管大小范围的，具有较强的吸附性能，太大不利于吸附。低级茶坯因原料成熟度高、叶细胞组织分化程度高，其孔隙相对于高级茶坯而言具有粗而稀的特点，吸附能力较高级茶坯弱；再比如，炒青绿茶经炒制，表面光滑，结构紧实，其吸附性能就不及烘青绿茶。

茶坯中内含的萜烯类物质如棕榈酸等，是一类具有很强吸附性能的化学物质，茶坯的吸附能力也在一定程度上与萜烯类物质的含量有关。一般嫩度较高的茶坯，萜烯类物质含量较高，吸香能力相对较强。高档茶可以多窨次，是因为吸香能力强，"吃得下"的缘故。

茶坯的干度，也就是茶叶含水量，它的高低直接影响孔隙度。一般含水量高，孔隙就有可能被水分占据，从而影响茶叶吸附的表面积。但是如果茶坯含水量太低，在茶与花拌和过程中，鲜花水分就会很快让茶坯吸收而影响鲜花的吐香生理过程，也会影响茉莉花茶的窨制成效，因此茶坯的含水量要把握得当。

茉莉鲜花的吐香性能

茉莉鲜花体内含有的芳香成分，在一定条件下向外挥发扩散，称吐香。茉莉花是一种典型的气质花，鲜花不开不香，开了才有香，开完了香气也随之消失。茉莉鲜花虽然离开了树体，但是一系列的生命活动过程依然存在，通过体内的呼吸异化代谢作用，一系列水解酶活性增强，促进了物质的酶促水解转化；与糖类结合在一起的芳香甙类，因酶促水解作用而形成糖和芳香物质。因此，芳香甙类的含量及酶促作用的强弱直接影响鲜花的吐香效果。也就是说，茉莉鲜花吐香过程不仅取决于花本身的质量，也与所处环境的温度、相对湿度、空气的流通度等有很大的关系。

影响茉莉鲜花开放吐香的环境因素有温度、鲜花含水量、空气的流动性。一般茉莉花最适宜的吐香温度为 35—37℃，低于 20℃不开放吐香；高于 38℃，开放吐香效果较差；高于 50℃，鲜花就会被"烧死"，俗称"火烧茉莉"。茉莉鲜花体内的芳香物质伴随着鲜花水分的挥发而挥发，空气相对湿度偏高，影响芳香物质的挥发扩散；空气相对湿度偏低（低于 70%），鲜花将因失水而枯萎，也会影响吐香效果。一般较适宜的空气相对湿度为 80%—85%。鲜花吐香是伴随着体内的呼吸氧化代谢过程而进行的，环境中空气的流动性与吐香也有密切的关系。缺氧，无氧呼吸会造成鲜花干物质损失；同时还会在无氧呼吸过程中产生一些令人不快的异常气味。

了解了茉莉花茶窨制原理，即茶叶具有吸香、鲜花具有吐香特性，通过窨制工艺极为复杂的物理化学过程，使茶叶具有茉莉花的香气，而这个过程与茶花接触面、相对距离、作用时间等因素均有关系，就可以在茉莉花茶窨制工艺过程中通过把握窨制技术，促进茶叶对花香的吸收。

（二）茉莉花茶窨制前准备

茶坯窨制前处理

烘青绿茶茶坯窨制之前，要做好一系列的相关准备工作，主要看一看茶坯的干度是否符合要求。一般都要经过复火处理，使茶坯的干度符合要求，并在这个过程中去除异杂味。

茶坯含水量要求控制在 4%—4.5%。采用烘干机烘干，温度掌握在 100—130℃，历时 6—8 分钟。不同等级茶坯，窨次不同。多窨次的，要求含水量低些；低档坯窨次少，含水量标准可适当高些。茶坯复火干燥后其坯温大多高达 80—85℃，而茉莉花开放吐香最佳温度为 35—37℃，因此茶坯复火后须经散热冷却，待温度降至31—34℃时再付窨。一般复火烘干后，茶坯需放置冷却 3—4 天后再行窨制。

茉莉鲜花的采收

茉莉花从萌芽孕蕾到成熟采收，一般春花需 50 天左右；伏花

茉莉花采收（范本仁摄）

需 24 天左右；秋花需 30 天左右。花蕾多于开花前 10—15 天现蕾，花蕾成熟开放过程的颜色变化从绿色→黄绿色→黄白色→乳白色→雪白色。适于采摘的茉莉花花蕾，应为含苞欲放，能在当天晚上开放，且外观饱满、肥大、清白的成熟花蕾。采摘时要带花萼、花柄，不要茎梗。田间的茉莉花，根据成熟情况可分为"当天花""青蕾""白花"三种。所谓"当天花"，即为符合采收标准，外形饱满雪白发亮的成熟花蕾；"青蕾"是尚未达到采收标准的花朵，"白花"是已开放的花朵，都不符合采摘的标准。

　　茉莉鲜花具有晚上开放吐香的习性。也就是说，当天成熟的花蕾，不论其留在树上或采下，要到晚上 8—10 时达到生理成熟期时才开放吐香。留在植株上已开放的花朵一般经 48 小时左右的时间就凋谢了。开花后 24 小时，花瓣变为红色，香味大部分消失。采下的花蕾，开放吐香的变化规律大致为：晚上 7—8 时开始微开；9 时开始正常吐香；10—12 时为吐香高峰期，香气浓烈；0—3 时香气趋于平淡；4—5 时香气带水闷味。

　　茉莉花采摘的时间、标准与鲜花的产量、质量有密切的关系。下午 2—3 时以后，"当天花"已充分发育成熟，芳香油的积聚已接近饱和，此时适于采摘。

茉莉鲜花的养护

　　茉莉鲜花开放有时间性，并且与环境温度、湿度、通气性、鲜

采回的茉莉鲜花摊凉（春伦茶业集团有限公司供图）

伺花工艺中的堆花（春伦茶业集团有限公司供图）

花放置时间等密切相关。因此，人为地控制鲜花开放吐香的环境条件，使其达到早、匀、齐的开放效果，有积极的生产实际意义。

福州民间将鲜花的养护叫做伺花，也就是说养护鲜花就是要像伺候人那样用心，这就是一个很重要的养花工艺过程。方法是对鲜花采取摊—堆—摊处理方法。摊，是为了散热降温，改善通气条件，以维护鲜花生机，且有延迟鲜花开放时间的效果；堆，是为了提高花堆温度，促进开放。摊、堆结合，既保证鲜花的生机，又达到鲜花及早、整齐开放的效果。

摊凉厚度不超过 10—15 厘米。气温高的伏花季节，以 4—6 厘米厚为宜。鲜花经摊凉后，花温接近室温时便可收堆。堆高掌握

机器筛花

30—40 厘米。堆温一般控制在 35—37℃，不宜超过 40℃。接近 40℃时，就应薄摊散热。堆、摊可反复进行数次。伏花季节以摊为主，多摊少堆；春秋花季节气温低，宜以堆为主，多堆少摊。当鲜花达一定标准要求时就可进行筛花处理。

当鲜花养护至有 60% 左右已开放，且开放度达 50—60 度，呈虎爪状时就可进行筛花。通过筛花可以除去花蕾、劣杂物，筛花的运动作用还能促进鲜花开放。一般开放率达 90% 以上，开放度达 85—90 度就应付窨。

（三）传统窨制技艺

传统的茶坯加工技法

毛茶传统手工加工技艺，主要通过平、抖、蹾、拜、烘等技法，完成精制加工过程。

平：用竹制多孔茶筛，筛茶手势由逆时针旋转平面圆筛，将毛茶分出大小不同的规格。

抖：用竹制多孔茶筛，抖筛手势右高左低左右抖筛，将平圆筛分出的大小、粗细的茶叶，再分出曲直圆扁。

蹾：用布制口袋，将经过平、抖工艺分出过长、卷曲过大的茶叶装入布袋，用脚来回斜度蹾下。改变茶叶的大小。

拜：用竹制拜箕、拜拨手势双手扶拜箕上下拜拨，将平、抖、蹾工艺分出来的茶叶，再分出轻重。

福州市茉莉花茶传统工艺传承人张子建演示茉莉花茶传统工艺流程（春伦茶业集团有限公司供图）

烘：用竹制的焙笼上下两层，中间放鼎，鼎内放入榉木优质木炭生火，用炭灰盖住部分火苗，逐渐释放均匀热量。将待烘、转烘的成品，均匀摊放在焙笼上层进行烘焙。注意厚度须适宜。

茉莉花茶传统窨制加工工艺技法

窨：经烘焙待窨的成品与经养护筛选后的茉莉花按比例进行茶花拌和、堆放方整，经静置、通花、起花、烘焙待转窨。多窨次的成品，要重复窨次多次。

提：经烘焙待提的成品与经养护筛选后的茉莉花按比例进行茶花拌和，经静置、起花。提花为了提高成品的鲜灵香气。

茉莉花茶的窨制工艺极其讲究，让毛茶充分吸收茉莉花的香味。每次毛坯吸收完鲜花的香气之后，都须筛出废花，然后再次窨花，再筛，再窨花，如此往复数次。

（四）茉莉花茶窨制工艺

窨制工艺程序：原料（茶坯、茉莉鲜花、玉兰鲜花）—拌和窨制—通花散热—起花—复火干燥—转窨或提花—茉莉花茶。

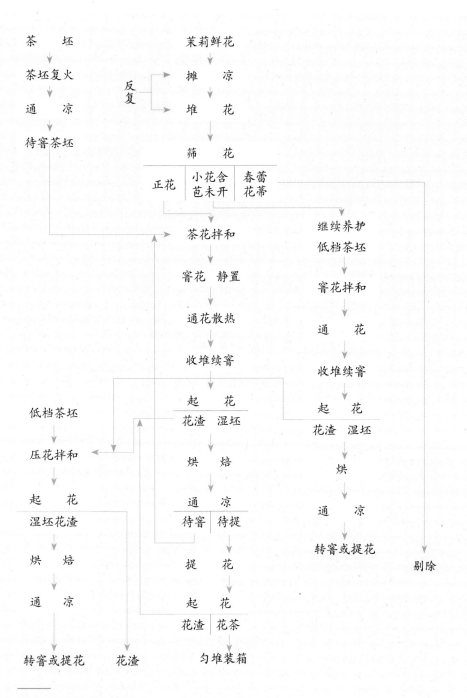

茉莉花茶制作工艺流程图

拌和窨制

根据茶坯具有吸香的特性和鲜花具有吐香的特性，将茶花按一定比例拌和接触在一起，在适宜的温度、通气等条件下静置，完成茶坯吸收鲜花香气的过程。

那么茶与鲜花是按多少比例进行拌和呢？在长期的实践中，制茶人已经有了颇为成熟的经验，并有相应的国家标准可以借鉴。根据GB/T22292—2008茉莉花茶，级型茶坯须按比例要求进行下花（见下表）。

茉莉花茶配花量与窨次

茶坯等级	一窨	二窨	三窨	四窨	提花	用花量合计
特级	36	32	26	20	7	121
一级	36	30	22		7	88
二级	36	26			8	70
三级	34				8	42
四级	22				8	30
五级	17				8	25
六级	12				8	20

注：1.表中数据指100千克茶茉莉花用量（千克）；2.提花时春花、秋末花的配花量须增加5%—10%。

茉莉花茶窨制，根据茶坯的档次来决定配花量与窨次。一般等级高的茶坯，窨次多，配花量多。茉莉花茶的窨制有"三窨一提""五窨一提"等做法。就是说制作花茶时，需要窨制1—5遍，甚至更多遍，才能让茶坯充分吸收茉莉花的香味。每次茶坯吸收完鲜花的香气之后，都需筛出废花，再经过烘干、冷却后，再次窨花，再筛，再窨花，如此往复数次。为什么不是一次性窨制，而要多次窨制吸香呢？这个与茶坯的吸香饱和度有关，同人的用餐原理一样，一天的饭需分三餐来吃，而不能一餐吃下一天的饭量，否则会消化不良。窨制工艺也是一样，要一次一次地窨制，才能将花香吸收得更多，好茶具备了吸香的潜力，所以配花量大，窨次多。

生产上花茶窨制，沿用至今的方法有堆窨、箱窨、囤窨等多种。拌和完成后，一般要留有少量茶坯盖面，让花香留在茶坯中，避免挥发浪费。

通花匀窨

茶花静置窨制达一定时间后，由于茉莉鲜花呼吸、吐香等代谢过程仍在继续，在释放香气的同时，也释放呼吸作用的 CO_2 气体等，挥发水分。这样窨堆中温度上升，CO_2 比例增高，湿度增加。如不加以改善，茉莉花容易变黄、委软，失去生机，严重的甚至出现红

通花散热（春伦茶业集团有限公司供图）

通花散热（春伦
茶业集团有限公
司供图）

变而影响吐香的"火烧茉莉"现象。通过通花散热，改善窨堆的环境条件，茉莉花可继续维持生机，正常吐香。经通花作用，堆内外茶花发生移位，窨制也更均匀一致。

一般当窨堆中温度上升至 40—50℃的标准要求，窨制历时 4—5 小时，花态已转成委软状，色白不黄熟时，应结合季节气候、堆厚等因素，进行开堆散热处理。地窨的，用钉耙开堆，要求开堆后摊成十字形的槽沟状，以增大散热面。摊厚以 10—15 厘米为宜，历时 30—60 分钟，待温度下降至收堆温度 33—36℃时，即可按原堆样收堆静置续窨。续窨历时 5—6 小时，茶堆温度又升高至 40℃左右，花态萎缩，花色转黄，香气淡薄时，即完成窨制过程，这时就要进行起花处理。

茉莉花茶窨制通花与收堆温度标准

窨次	通花温度（℃）	收堆温度（℃）
一窨	48—50	36—37
二窨	44—46	35—36
三窨	42—44	34—35
四窨	40—42	33—34
提花	36	

起花

起花是采用筛花机或人工将茶与花渣分离开来。起花后的茶坯要及时进行烘干处理。

筛花机将茶与花分离开（福州茶厂供图）

筛花机将茶与花分离开（福州茶厂供图）

手工起花（闽蜜香坊、闽榕茶业有限公司供图）

干燥

烘干要求采用"适当低温、快速"的烘干方法。烘干过程，还应注意掌握各窨次的烘干含水量，一般逐窨次提高含水量。烘干过程对窨制品水分的掌握是技术关键之一。烘干之后，再制品经冷却后即可转入下一窨次的加工。

提花

不论是一窨还是多窨，一般从工艺处理上最后都要求进行一次提花。提花的目的在于提高花茶香气的鲜灵度。提花与一般的窨制过程差不多，具有如下特点：

①鲜花用量少，一般每100千克茶坯，鲜花用量只要6—8千克。

②鲜花质量要求高，要用花朵饱满的特级鲜花，因提花的主要目的是提高花茶香气的鲜灵度。

③茶花拌和静置窨制堆高宜厚些，因为花量少，温度上升慢。如果温度偏低，提花吸吐香效果就差。一般提花堆温宜在36℃左右，不宜超过40℃。

④提花窨制总历时较短，一般要求6—8小时，此后即可进行起花。

⑤提花一窨到底，中间不进行通花。但如果生产上因技术掌握控制不当，堆温高达40℃以上，则应进行通花散热降温，以免因温度过高而影响花香的鲜灵度。

⑥提花后不进行烘干，所以提花很关键的一个技巧，就是提花前茶坯含水量的控制。在完成提花工艺后，茶坯吸收了鲜花水分后，成品花茶的含水量要达到要求（即外销≤8.0%，内销≤8.5%）。

压花

采用窨制后筛出的花渣窨制低级茶坯，通常称压花。这是为了充分利用茉莉花香的一种途径。压花工艺过程同窨制工艺，唯有两点不同之处：其一，茉莉花原料采用花渣；其二，配花量大，花渣用量为 100 千克茶用 50 千克花，即以花压茶，故称压花。其余与窨制相同。

玉兰打底

为了提高茉莉花茶的花香浓度，在茉莉花窨制工艺中，加入少量具有浓郁花香味的玉兰花进行窨制，称玉兰打底。玉兰打底方法有以下两种。

一种是玉兰母窨制法。玉兰母也叫拼母。玉兰花开花时间较长，在茉莉花采收时期的前后都有玉兰花。生产上将玉兰花与茶坯按一定比例拌和先窨成玉兰花茶，即玉兰母。待茉莉花茶窨制时，按一定比例掺入玉兰母拌和窨制，以解决玉兰花、茉莉花采收时期不同步的矛盾。一些茉莉花茶产地没有玉兰花，可以用少量茶坯选窨成玉兰母，然后以此作为拼母，进行窨制，以方便生产。采用这种方法打底时，必须采取混窨，即拼母拼入茶坯中和茉莉花一起窨制。

另一种是玉兰花与茉莉花同时窨制，即茉莉花茶窨制时，掺入少量玉兰花同时付窨。高档茶坯要求玉兰花以整朵或拆瓣后拌和窨制，以便窨后起花时茶与花渣的分离；低档茶坯也可以采用玉兰花切碎后拌和窨制。

一般玉兰鲜花用量控制在 1%—1.5%，宁少勿多，以免多了出现玉兰花香味（即"透兰"）。"透兰"有损茉莉花茶的品质风格，应特别注意。

（五）茉莉花茶生产机械化自动化

实现福州茉莉花茶机械化生产与自动化生产一直是制茶人所期盼的。20世纪50年代起经几代人不懈的努力，窨花机械功能也从简单的筛花发展到自动配比拼和自动窨花。1952年，利用制坯机械滚筒圆筛机改装成起花、筛花机。1953年，创制出桥式窨花拌和机。1966年设计试制了立体窨花设备，提高了作业面积的利用率。1974年，创制了斗式立体窨花、通花、起花联合机，实现了半机械化连续化生产。1975年，在上述机械研究基础上设计制造出"闽75型"

1960年，福州茶厂采用阶级式拣梗机

行车式窨花机（福州茶厂供图）　　　筛分机械

花茶窨制联合机，实现了花茶窨制全程连续化生产。1980年，又在"闽75型"窨花机基础上研制成可进行茶花自动配比的"闽76型"花茶窨制联合机，实现了具有智能化茶与花的自动配比拼和。花茶窨制工艺在操作方法上，完成了从花一层茶一层手工拼和，到机械拼和，再到智能自动配比拼和的根本性变化。20世纪80年代，福建的几家龙头花茶生产企业如福州茶厂、宁德茶厂、福安茶厂、福鼎茶厂等厂家都先后建立起具有现代化生产规模，花茶生产车间配备了"闽76型"花茶窨制联合机。

六

茉莉花茶赏韵之道

——

（一）福州茉莉花茶种类

茉莉花茶是一个大家族，品种花色很多。茉莉花茶以赏形、观色、嗅香、品味为主，同时也非常重视香气的鲜灵度、浓度和持久性。

茉莉花茶分类及其品质特征

茉莉花茶根据茶坯等级品种的不同，分为级型茉莉花茶、特种茉莉花茶和造型工艺花茶等种类。

级型茉莉花茶

级型茉莉花茶是指的用等级绿茶为原料，将级型茶坯与茉莉鲜花拼合窨制而成。外形以条形为主。福州茉莉花茶分为银毫、春毫、香毫、特级、一级、二级、三级、四级、五级、碎茶、片茶等类别。含芽毫以银毫为多，内质香味的鲜度和浓纯度因级别高低而异。

级型茉莉花茶外形紧结，匀整洁净，色泽黄绿有光泽。高档茶要求芽毫显露且肥壮，内质香气鲜灵、浓纯，滋味鲜浓醇爽，汤色黄绿明亮，叶底嫩绿或黄绿明亮。各级茉莉花茶感官品质要求应符合下表要求（DB35/T991—2010）。

福州茉莉花茶感官品质要求

项目		分级				
		银毫级以上特种茶	银毫级	春毫级	香毫级	特级
外形	条索	圆形、扁平、针形、螺形、珠形、束行等	紧结、芽壮、毫显	紧结、细嫩、显毫	紧结、锋苗、显毫	紧结、多毫
	色泽	绿润、黄亮、银亮	绿润	绿润	绿润	黄绿尚润
	整碎	匀整	匀整、平伏	匀整、平伏	匀齐、平伏	匀齐、平伏
	净度	洁净	洁净	洁净	洁净	净略含嫩筋
内质	香气	鲜灵、馥郁永久	鲜灵、浓郁持久	鲜灵、浓郁	鲜灵尚浓郁	鲜浓
	滋味	鲜浓醇厚、回甘	鲜浓醇厚	鲜浓醇厚	鲜浓醇厚	鲜浓
	汤色	黄绿、清澈、明亮	黄绿、清澈、明亮	黄绿、明亮	黄绿、明亮	淡黄、明亮
	叶底	毫芽肥嫩、匀亮	肥嫩、匀亮、毫芽显	细嫩、匀亮、显毫	嫩绿、明亮、显毫	嫩绿、匀亮
窨次		六窨以上	六窨一提	五窨一提	五窨一提	四窨一提
其他要求		具有福州茉莉花茶应有的风味和特征，无霉变、无异味				
		产品洁净，除含少量茉莉干花外，不得混有其他非茶类夹杂物，不含任何添加剂				

特种茉莉花茶

特种茉莉花茶指的是名优绿茶或特殊形态的绿茶素坯窨制而成的成品。其外形千姿百态，似针似珠，如环如花，形态逼真，惟妙惟肖。特种茉莉花茶有茉莉雪芽、茉莉松针、茉莉银针、茉莉白毛猴、茉莉珍珠螺、茉莉毛峰、茉莉龙珠、茉莉凤眼、茉莉银环、茉莉麦穗、茉莉龙虾王、茉莉银菊等。

特种茉莉花茶香气鲜灵浓郁，滋味鲜醇或浓醇鲜爽，汤色嫩黄或黄亮明净。但不同花色因窨制过程的配花量和付窨次数的不同而香味有所差异。

茉莉雪芽

外形细嫩，二叶抱芽呈花朵状，色绿，白毫显露

茉莉松针

外形条索紧直，两端尖细呈松针状，色深绿

茉莉银针

外形呈针芽状，肥壮多毫，
色泽洁白，匀整美观

茉莉白毛猴

外形条索肥嫩卷曲，白毫显露

茉莉珍珠螺

外形细嫩，紧卷呈盘花，
白毫显露

茉莉毛峰

外形条索肥嫩，色绿润多毫

茉莉龙珠

外形颗粒滚圆如珠，落盘有声，
色绿润，显白毫

茉莉凤眼

外形颗粒呈凤眼形，视觉形象
逼真，具白毫，匀整美观

茉莉银环

外形呈小圆环状，一般以单个芽
叶制成小圆环，具白毫，匀称美
观。此类外形也有称玉环

茉莉麦穗

外形似麦穗，茶芽紧结缠绕，
白毫显

———
特种茉莉花茶外形特点（孙云供图）

工艺花茶

"让鲜花绽放在茶叶中。"这就是富有创造性的工艺造型花茶。富有创造力的一代茶人将鲜花与茶叶结合在一起，让花茶在泡开后，盛开出美丽的鲜花。因造型的不同及鲜花种类的不同，造型工艺茶花色也很多。著名的有"丹桂飘香""花之语""金莲霓裳""飞雪迎春""仙桃献瑞""花开富贵""七子献寿""仙女献花""出水芙蓉""茉莉蝶恋花"等。

茉莉仙女（郑廼辉供图）

茉莉蝶恋花（郑廼辉供图）

（二）茉莉花茶品鉴技法

如何品鉴花茶？如何识别茉莉花茶优劣？这可以从专业角度与生活的角度来说明。

专业审评法

专业审评法，要严格按照国家行业相关规定要求进行操作。

审评器具　主要有审评杯碗、评茶盘、叶底盘等。

审评杯碗：杯为白色瓷质，呈圆柱形带柄，容量 150 毫升，具盖，盖上有一小孔，与杯柄相对的杯口上缘有 3 个呈锯齿形的滤茶口；碗为白色瓷质，容量 250 毫升。

评茶盘：木板或胶合板制成，正方形，边长 23 厘米，沿高 3.3 厘米，盘的一角开有缺口，缺口呈倒等腰梯形，涂以白漆，无味。

叶底盘：黑色小木盘，边长 10 厘米，沿高 1.5 厘米。

其他：白瓷品茗杯、网匙、茶匙、计时器。

茉莉花茶审评主要用具（孙云供图）

审评流程　取样—外形审评—茶汤制备—内质审评。其中，内质审评顺序为：评香气（热嗅）—汤色—香气（温嗅）—滋味—香气（冷嗅）—叶底。

审评技法　主要有如下步骤。

取样：取有代表性茶样200—300克，置于评茶盘中，双手握住茶盘对角，用回旋筛转法，使茶样按粗细、长短、大小、整碎顺序分层，并顺势收于评茶盘中间（呈圆馒头形），将茶样分为上层（面张、上段）、中层（中段、中档）、下层（下段），以便开展外形审评。

外形审评：花茶外形审评对照全国花茶级型标准样评比条索、嫩度、整碎和净度，窨花后条索较素坯略松、色带黄，均属正常。

茶汤制备、内质与叶底审评：称样后冲泡前仔细拣净花渣（花蒂、花瓣、花梗、花蕊等），开汤先嗅香气，后看汤色、尝滋味，最后看叶底，以香味为主，从鲜、浓、纯三方面评定。单杯法可分一次冲泡和两次冲泡。一般称取茶样3克，加150毫升沸水冲泡5分钟时进行评审称为单杯一次冲泡法。称取茶样3克，第一次冲泡3分钟时，审评香气的鲜灵度、滋味鲜爽度；第二次冲泡5分钟，审评香气浓度和纯度。审评花香纯度时，注意花香是否掩盖茶香，如茶香仍突出，谓之"透素"。评茉莉花茶，如白兰花香突出，谓之"透兰"。同时审评滋味浓醇度。此法称为单杯两次冲泡法。单杯一次冲泡法简便、快速，适于审评技术熟练人员，较常采用。双杯法，则每一茶样称取两个平行重复样（3克），然后按单杯法中介绍的两种冲泡方法进行审评（分别称为双杯一次冲泡法和双杯两次冲泡法）。这种方法准确性强，但操作繁琐，且费时。

品质评分：审评花茶时，通常将各项因子以百分数表示，按外形 20%、汤色 5%、香气 35%、滋味 30%、叶底 10% 的比例评定。

生活品饮法

在日常非专业审评的普通喝茶过程中，怎样品鉴花茶品质呢？通常有以下 3 种方法。

盖碗泡饮法 高档的茉莉花茶可选用容量 150—200 毫升的含托瓷盖碗冲泡，一般可直接泡饮，也可采用工夫式泡饮。

直接泡饮法：用沸水烫净盖碗，加满开水充分预热后倒出，取茉莉花茶 3 克投入碗中，闻干香；在公道杯中倒满开水备用，分两次注入 5—10 毫升的冷却开水润茶，快速倒出，闻湿香。后冲入大约 50% 盖碗容量的 90℃ 冷却开水，0.5 分钟后再次注水至盖碗沿弯处，盖上盖子，0.5 分钟后即能品饮。品饮时，左手托起盖碗后，右手掀盖闻香，后用轻拨茶汤面划开茶叶，唇触盖碗沿品味茶汤，品后可观叶底。待茶汤饮至 1/3—1/2 时，可注水冲泡 1 分钟后再次品饮。

工夫式泡饮法：在预热盖碗后，取茉莉花茶 3 克投入碗中加盖，在盖碗托内加热水，以提高盖碗温度，0.5 分钟后掀盖闻干香；在公道杯中倒满开水备用，分两次注入 5—10 毫升的冷却开水润茶，快速倒出，闻湿香。随后缓缓将 90℃ 冷却开水注满盖碗，刮去浮沫，0.5 分钟后倒出分杯品饮，以后各泡可延时 1 分钟、1.5 分钟。

玻璃杯泡饮法 造型优美的特种茉莉花茶可选用透明玻璃杯冲泡，以便欣赏茶叶精美别致的造型。该法先用沸水将玻璃杯烫净预热，取茶 3 克投入杯中，闻干香，分两次注入 5—10 毫升冷却后的开水润茶，快速倒出，闻湿香；冲入大约 30% 杯高的 90℃ 冷却开水，再过 0.5 分钟后再次注水至七分满，再过 0.5 分钟即能品饮。

瓷壶泡饮法　对于一般级别茉莉花茶可选用瓷壶泡法，茶水比 1 ：50，冲泡水温要求 100℃，冲泡时间 5 分钟，将茶汤分斟各杯即可品饮。白色瓷杯盛茶，可观茶汤色泽，花香也能充分发挥。

（三）茉莉花茶品鉴要诀

品鉴茉莉花茶要从茶坯和花香两个方面入手。好茶坯要求：茶香纯正，无烟味、糊味、水味、闷味等异杂味，茶味鲜爽、醇厚、顺滑、耐泡，回味甘甜。花香品鉴不但要求浓度、活性，还要求花香的纯度。浓度差，则容易透出素坯的青味；没有活性，则花香呆板、挂香不持久。普通茉莉花茶多数加工企业有玉兰打底的习惯，但现在一些高级茶友更崇尚品饮不添加玉兰的纯茉莉花茶。这种纯茉莉花茶不仅花香的纯度好，而且保持了茶叶的天然本味。具体品鉴要点如下。

外观
外观以条索、色泽、匀整度来评定。

条索：要求紧结壮实，特种茉莉花茶有它自己独特外形特点与要求。但一般而言，春茶一般条索紧结重实，夏秋茶较轻瘦或粗松，高档茶要求芽毫多且肥壮。

色泽：花茶是以绿茶为原料，一般色泽要求嫩绿、黄绿、有光泽。夏秋茶比较枯绿欠油润，秋茶还好些，陈茶灰暗。

匀整度：干净匀整为好，特别要检查非茶类夹杂物。

内质

内质是茉莉花茶品质主要因素，以香气、滋味、汤色、叶底来鉴别，主要决定于香气和滋味。

香气：从鲜度、浓度、纯度三因素来评判。优质的花茶同时具有鲜、浓、纯的香气，三者既有区别又有相关性。

鲜度：指香气的鲜灵程度。也就是说，审评一杯花茶时，闻香气，给人第一印象鲜度如何？通俗地说，就是香气新鲜否？高档花茶要求鲜灵，"一嗅即感"是鲜的更高表现，不鲜、陈味都是低档花茶或陈茶的表现特征。

浓度：指茉莉花茶耐泡度。香气持久、耐泡者为浓度好的茉莉花茶；相反，香气薄，不持久，一泡有香，二泡就闻不到香气，浓度就差了。一般低级别花茶浓度总比不上高级别的花茶。

纯度：指花香、茶香的纯正度。如茉莉花茶中不能"透兰"或其他花的香，茶香中不能有烟焦味及其他异味。

滋味：主要评浓度和鲜纯度。花茶滋味以纯正浓醇为好。滋味与香气在正常情况下，一般有相关性。香气鲜，滋味爽；香气浓，滋味醇；香气纯，滋味细。若发现香气有异，在滋味上要认真地加以鉴别。

汤色：以黄绿、清澈明亮为好，黄暗或泛红为劣。

叶底：嫩绿、黄绿、匀亮为好，粗展、欠匀、色暗或红张为劣。

（四）茉莉花茶茶艺的类型与技法

茉莉花茶大都是绿茶为原料窨花而成，所以在品饮方法上与绿茶有共同之处。各地根据各自的饮茶习惯，形成茉莉花茶品饮的独特方式，以选用的品饮器具来分，品饮方法可分为盖碗冲泡法和壶冲泡法。通常茶水比例以 1 ：50 为宜。如容量为 150 毫升的器具，下茶量 3 克左右。冲泡时间 3—5 分钟，水温掌握 90—100℃。

盖碗冲泡法

茉莉花茶品质特点是香气鲜灵芬芳，多选用瓷质盖碗（倒钟形）茶具冲泡。瓷质盖碗形状底小口宽，具盖，既保温又有利于掀起慢慢逸散，以获得香味清芬之感。盖碗冲泡法适合各种等级茉莉花茶品饮。

茶具配置 茶盘、盖杯、茶通、茶荷、赏茶碟、茶罐、茶洗、冲水壶、盖置、茶巾、花插等。可根据个人的喜好及各种茶叶特质，选择盖杯的色彩，其他用具与之相协调匹配。一般以朴素淡雅者为佳。各种茶具按一定的位置合理放置，要求便于冲泡、观赏、品尝。

茉莉花茶茶艺主要程序 备器—赏茶—备水—涤瓯—投茶—浸润泡—冲泡—敬茶—品饮（嗅香、观色、品味）—续添水—续品茗—净具。

备器：选择容量 150—200 毫升青花瓷质盖碗 3—5 套，按人数配备。其他用具按干湿分开、方便操作的原则，分别放置。一般水壶、茶洗、盖置等在右边，茶通、茶荷、赏茶碟、茶罐、花插等在左边，布台美观雅致，具一定欣赏性。

赏茶：茉莉花茶的外形与绿茶同样具有很强的观赏性，在开汤前要先赏外形。一般将待冲泡的茶叶放于赏茶碟中，观看外形，嗅干茶香气。如银毫类外形细嫩紧结，白毫显露；白龙珠圆结白毫显，色绿润等。

备水：花茶冲泡水温要求 90—100℃，高档茶 90℃，一般花茶以 100℃为宜。将水烧开后倒入小壶备用。

涤瓯：将盖碗杯逐个用右手打开，回旋注入 1/3 开水，涤荡杯身，并将杯盖一同淋洗，洁净盖杯，同时寓意对宾客敬重之意。

投茶：根据需要量取茶罐中茶叶放于茶荷中，并顺次在各盖杯中均匀拨放茶叶 2.5—3 克。

浸润泡：采用回旋冲水法依次在各杯中注入 1/4—1/3 开水，浸润茶叶，使茶叶舒展，以便茶叶香气的透发和滋味浸出。

冲泡：采用"凤凰三点头"，依次冲水至杯身八分处，使茶叶在杯中翻转，以达到均匀冲泡的要求。俗话说："满杯酒，浅杯茶。"茶不冲满杯，不外溢，以示对客人的礼貌。

敬茶：冲泡后 2—3 分钟，即可品饮。采用双手连托端盖碗，将泡好的茶依次敬给来宾，行伸掌礼示意请用茶；宾客宜点头微笑，或以伸掌礼表示谢意。

品饮：嗅香、观色、品味。女士采用双手持杯法，即左手持茶托，右手持杯盖，用杯盖边沿轻轻撇去浮叶，先观杯中汤色，再细品香气，而后小口慢慢啜品茶味。男士采用单手持杯手法，即右手持杯盖，用杯盖边沿轻轻撇去浮叶，观杯中汤色、嗅闻盖香，而后右手直接持杯品饮。

续添水：盖杯茶一般续水一两次。当品饮至杯中 1/2 处，即可用续水，以调剂茶汤浓度，保持香味。将杯盖提起并斜挡在盖碗口左侧，右手高冲低斟向盖碗内注水，续水毕，饮者复品。

续品茗：继续观色、嗅香、品味，余韵不绝，回味无穷。

净具：冲泡完毕，应将所有茶器具收放原位，一一清洗。

壶冲泡法

普通花茶也可采用壶泡法。选用瓷质茶壶，如青花瓷、青瓷、黄釉瓷及各色花瓷，容量为250—300毫升。相配的瓷质茶杯，内壁以白色为佳，以便于欣赏汤色，容量以50毫升左右为宜。水温掌握90—95℃，茶水比可调为1：（50—70），泡饮程序同盖杯。

特种优质茉莉花茶品饮，通常采用透明的玻璃杯或玻璃壶冲泡，用90℃左右的沸水冲泡，冲泡时间3—5分钟，冲泡次数以两三次为宜。冲泡时可通过玻璃杯欣赏茶叶精美别致的造型，如冲泡特级茉莉毛峰时，可欣赏毛峰芽叶徐徐展开，朵朵直立，上下沉浮，栩栩如生的景象。泡好后，揭开杯盖，闻其香，鲜灵浓纯，顿觉芳香扑鼻。再尝其味，花香茶味，令精神清爽，心旷神怡。

备器

备场

翻杯

净壶

净杯

赏茶

投茶

冲泡

洗杯

匀汤

分茶

敬茶

品饮

茶品

玻璃壶冲泡法茶艺（陈慧琪演示，孙云供图）

七

连绵不断的一脉茶香

——

（一）百年老号

福长帮：生顺茶栈

福州台江上下杭商业街繁荣始于清朝，鼎盛于民国时期。它是福州内外贸的交易场所，谱写了近代福州商贸辉煌的历史。其中，福州名门欧阳家族于19世纪初开设的恒元堂茅茶帮中的福长帮（福州长乐帮）——生顺茶栈，就是一个缩影。它见证了上下杭商业街最繁荣的历史。

据长乐鹤上镇桃坑村欧阳氏族谱记载，欧阳家族是闽越王勾践及唐宋八大家之一欧阳修的后裔，耕读传家。族中的孩子读书到一定时候，就会根据家庭条件和成绩决定其是继续读书还是务农。明代正德年间（1520），欧阳家从村中的茶农慢慢发展为产供销一条龙的茶商，与茶打交道近500年。

清末，欧阳家族是福州当时唯一的集茶田、茶叶加工厂、茶叶交易站、茶店、茶行、钱庄、纸店、茶叶贩运轮船公司于一体的茶界巨商，在天津、上海、香港、台湾都开有分号。商号不但配置了全套独具特色的机械设备，严把茶叶生产过程中拣筛、焙烘、窨花、起花、匀堆、装条等一道道工序关，保证产品质量，还在经营上想尽办法，如为客户提供食宿及储存茶叶的仓库。它与"林谦记"联手，在长乐带动乡里种植优质高产的茉莉花近万亩，扶持市郊战坂、城门、远洋、义序、白湖亭、鼓山、凤岗里和上街等地花农扩种；并在福州及闽东等地采购上等优质绿茶。

福州下杭路与白马路交界处的108号（现238号）——这个现

欧阳家族古厝墙上的
单瓣茉莉花图案

在看来毫不起眼的地方，就是当年名闻遐迩的生顺茶栈，也是生顺
茶栈第二代掌门人、东南茶王欧阳康的故居，是福州唯一一座保存
完整的清代集毛茶收购站、花茶加工厂、成品仓库、茶农客栈、宅
院于一体的古迹。据《福州工商史》记载，生顺茶栈高峰批售量，
一年 2 万多担，占当时福州茉莉花茶总交易量 15 万担的 15%，被称
为"茶帮之王"。有 200 多家茶行的福州，有这样的市场占有率，

生顺茶栈旧址（欧阳芬供图）

足以说明欧阳家族在花茶产业方面经营之成功。可以想象，这个雇了 1000 多名员工，地处内河码头上最好的位置——两河汇聚（上杭、下杭河）处，具有 3000 多平方米的大院，当年何等繁荣的景象！生顺茶栈曾作为中共福建省委地下党交通联络站之一，为福州的抗日救亡和解放事业做出了重大贡献。

传说 19 世纪 40 年代，茶商欧阳长芝娶了一名满清贵族女子，成为欧阳家传奇发迹的开始。欧阳长芝结婚后盖大厝，选址工作是他的夫人以非常特别的方式完成的。盖宅前，她让儿子欧阳康每天在草垛上睡觉，早上一起来就问儿子："你最早是从哪个方向听到鸡叫的？"儿子说从东，她就往东扔一个瓦片；儿子说从北，她就往北扔一片瓦片……一个月后，这位当家奶奶择瓦片最多的地方起屋造厝。这块地呈一只凤凰张开翅膀入云端的形状，其上建起的 108 间的大宅子，取名叫凤凰展翅。

鸦片战争之后，福州成为世界最大的茶叶港口。清光绪十一年（1885），这位胆识过人的当家奶奶又力排众议，毅然决定把欧阳家族茶业事业由长乐移至福州，在福州下靛街（下杭路西端）开设恒元堂茅茶帮的生顺茶栈。因为制茶手艺好、信誉好，交通便利，同时家族文人多，交际广泛，欧阳家族很快成为福州数一数二的大茶商。

欧阳家族主要做花香茶，既有茉莉花窨制的花茶，也有以珠兰、水圭、柚花、木兰、白玉兰等花窨制的花茶，产品销往香港。因产品独特的香味，当时港英总督将其推荐给英国王室，于是欧阳家的花茶远销欧洲，成为福建茶叶自有品牌出口海外的第一家。生顺茶栈的产品还远销俄罗斯、东南亚。

欧阳长芝有三个儿子。长子欧阳康、三子欧阳钧都很出色。他们一个经商，一个从政，均颇有建树，家道越来越兴旺。

欧阳康，字玉良（1866—1942）。他小时候从学徒做起，后来继承祖业，精心经营花茶加工，并接管了家族企业，当上"生顺"茅茶行兼茶栈的老板，并成为名闻遐迩的东南茶王。当年欧阳家族所产花茶的商标，用的就是他的头像。

据老辈们回忆，为了进入华北、东北的花茶市场，欧阳康还把子弟派到京、津、沪等口岸设庄，经营茶叶出口业务。在福州，欧阳家族还拥有专门运输茶叶的乾泰轮船公司，仅3000吨的货轮就拥有3艘。同时，欧阳家族还经营钱庄，便于货款汇兑及给茶农提供贷款，以优先购买茶农所产最优质的茶叶，控制最好的原料。

生顺茶栈盛极一时。当时为适应不同消费者的需求，生顺茶栈定了三大茶叶品牌"第一峰""阜兴春""一枝春"，同时建了茶馆——逢春馆。"第一峰"寓意是最早的毛峰春茶，为最高的山峰所产，从原料到产品都争第一，是高端品牌。"阜兴春"是取茉莉馥郁芳香"馥"的同音，又有"高阜高山所产春茶""物阜民丰、兴旺发达"之意，是上等品牌。"一枝春"取晋朝陆凯的折梅赠友诗"折花逢驿使，寄与陇头人。江南无所有，聊赠一枝春"之古意，为百姓居家和赠友的大众茶。久而久之，大众消费最多的"一枝春"在民间最有名声。逢春馆取白居易《春游》中的"逢春不游乐，但恐是痴人"之意，意为在茉莉花茶馆中，能处处逢春，老人为枯木逢春、女子为幽兰逢春、旅人为归雁逢春，与外国人评价福州茉莉花茶"中国春天的气息"有异曲同工之妙。抗战胜利后，欧阳康的儿子欧阳天年继承生顺茶栈，重开"第一峰""阜兴春""一枝春"，对茶叶包装进行创新。包装茶叶的铁盒、铁罐十分讲究，分为圆、方、长、扁不同形状，并印有多彩的美丽图饰，成为当时馈赠亲朋好友的时尚佳品。

生顺茶栈多年保持着一个好传统，每年茶栈制茶过程中剩余的茶末、茶梗，足可以堆成半座小山，弃之可惜。根据中药治病的诸多秘方，欧阳家族将加工生产剩下的生茶末，用祖传秘方熬制成"生顺茶膏"，用于治疗伤风咳嗽、火大喉痛、腹泻等。茶膏出品后，比一些草药疗效还好。每年一到茶季过后，欧阳家族就组织工人收集全部茶末，拌和中药制成茶膏，免费发放。发放的日子，人们都会自动云集在门口排起长队，满街都飘逸着茶叶的清香。

19 世纪末 20 世纪初，英国为打破中国对茶叶的垄断，在印度、斯里兰卡等地大量生产茶叶，使福州茶叶在海外部分市场走下坡路，但生顺茶栈凭借良好声誉，业务尚能稳定发展。抗战初期，因东北市场中断，生顺茶栈转口香港外销，也还有利可图。第二次世界大战爆发后，东南亚、香港相继沦陷，交通受阻，战争冲击了福州民营茶帮，生顺茶栈的外销大幅下降，企业一落千丈，处于歇业状态。茉莉花烂在田里也没人收，十分廉价。许多花农纷纷把茉莉园改种粮食。

欧阳康是一位成功的商人，更是一位富有民族气节的爱国者。为阻挡日寇从水路侵入福州，响应政府号召，在闽江口构筑阻塞线，他作出了一个惊人的决定：将自家"乾泰"轮船公司所属的"镇波""海邹""澳江" 3 艘 3000 吨商船全部装上石块，自沉于闽江口。为了民族不受外侮，他觉得这样做值！ 1941 年 4 月，日寇第一次侵占福州，日本人喜欢喝花茶，逼迫欧阳康出任日伪控制的"福州总商会"

生顺茶栈大宅子，稀释可见当年的热闹与辉煌（欧阳芬供图）

会长职务。欧阳康称病拒绝，并说："宁死不当汉奸！"他号召当地茶商抵制日货，并带头将自家的茶倾倒销毁，拒绝提供给日本人。1942 年 4 月，欧阳康在对民族兴亡的担忧和重病的双重折磨下含恨辞世。1941—1945 年，欧阳家没有制作一斤茶卖给日本人。

1938 年，欧阳康的大儿子欧阳天浣、三子欧阳天定加入中国共产党。生顺茶栈成为中华民族先锋队（简称民先）福州队的活动场所。从 1938 年初到 1949 年 8 月福州解放，前后共 11 年的时间里，生顺茶栈这处党的地下联络站在欧阳康和欧阳大年的保护下从未被敌人发现和破坏，欧阳家族为福州的抗日救亡和解放事业做出了重大贡献。中华人民共和国成立后，生顺茶栈旧址被福建省人民政府列为省级文物保护单位。2009 年，福州市台江区政府启动了上下杭历史文化街区的前期调研和论证工作，其中包括将欧阳康故居——生顺茶栈开辟成为爱国主义教育基地。

何同泰

何同泰——这个短期内从一个普通茶叶经纪人发展起来的茶商，成为福建茶叶发展史在民国期间的一个记忆符号，成为那个时期福州的商业传奇。

何培阊，何同泰制茶厂创始人，1902 年出生于福州一个小手工业者家庭。何培阊很小便学做茶叶买卖生意，18 岁那年，就出师当起茶叶经纪人。在做茶叶经纪的过程中，这个年轻人极有心计，他善于对茶的购销情况不断地分析统计，善于掌握买卖双方的心理，以及交易规律。几年后，他成了全市最有名气的茶叶经纪人。对于何家来说，这已经足够光宗耀祖了。但何培阊并不满足于充当茶叶经纪人。22 岁时，开始在做经纪人的同时兼营自己的小本生意——茶叶生产。起先，何家的茶叶还只是小批量生产，搭附在其他茶栈销售。不久，何培阆自己设厂制造花茶，何家的茶叶作坊取名号"何同泰"。因为花茶的主要市场在北方，何培阆便直接将自己工厂的茶叶运往天津，托熟人代售。

他从一开始就相当自觉地遵循着一条规矩——质量为本，并将此作为家训。日后在和自己的孩子聊起何同泰时，何培阆还常常说起："我们家没有什么势力，就得靠茶叶质量在商场上立足。"何同泰茶叶花香质量高，因此生意做得风生水起。

从开始做茶叶生意时，他就明白提高茶叶香气质量比什么都重要。这种想法让何培阆成了精制花茶的专家。在何同泰，制茶工艺的程序、技术关卡只有何培阆一人掌握，何培阆将此视为最重要的商业机密。当时，何培阆认为黄山屯溪"三角片"虽然是下脚料，但它是好茶叶踩碎的，与其他的低档茶片不同，它吸香能力强，可以制造高档茶叶。1930 年，何培阆大胆把一批"三角片"窨以重花，运往天津，结果整个北方茶叶市场为之轰动，每担售价高达 140 元，创下当时中档花茶售价的纪录。从此，何同泰每年都兼窨一定数量的"三角片"运往天津销售。由于这种茶叶的质量高、香味浓，何同泰花茶"三角片"在北方市场的信誉逐渐建立起来。

为了保证质量和信誉，何培阆采取了一系列的措施，比如绝对做到小样与批量的质量一样，这样用小样成交，甚至以小样定货或预售。有时原料数量不够时，何同泰宁可以高质量茶叶来代替低质量的，而绝不以次充好。与市面上普通包装纸不同，何同泰茶厂的茶叶出厂均采用干燥的茶箱、防潮的锡纸箔及高质量的麻包，以避免运输过程中的损坏、霉变及香味的损失。何培阊并不像普通茶商那样，只坚持传统的茉莉花窨制花茶的工艺，他对不同花季的花茶品种配制比例有相当了解。这让何同泰的花茶几乎可以四季常销。除此之外，还有为保证花源，每年冬季向各花贩发放数量可观的无息贷款，由花贩发放给花农作为明年购花的预付货款，好花用于好茶、次花用于次茶等，都被作为工厂的规矩一直保存下来。

同其他民族工商业一样，何同泰的快速发展并未持续太久，战乱成为企业发展的劫难。1931年，日本帝国主义侵略中国，何同泰的灾难由此开始。这一时期，何同泰运往沈家门的大批花茶被日寇没收。同年，何同泰又碰上了中国茶叶公司的压制，茶叶出口运输困难。迫于战乱，1940年后，何同泰生意停顿，股东解体。抗战后期，何培阊及其家人都迁往南港躲避，何同泰茶厂及何家的私人财产全部被日寇及当时的社会痞子洗劫一空。1945年抗战胜利，何家回到福州，何同泰一片残败，连屋顶上的瓦片也没剩几块，屋里的地板则全部被撬走。只是，这破败并不影响何培阊重新创业的冲动。1946年，何培阊从台湾引进了全套制茶机械，建成了当时全国除台湾省外仅有的一个比较完整的茶叶精制机械化茶厂。从长远意义来说，它改变了过去花茶生产纯手工操作的历史，对日后推动福建茶叶生产和发展均起了重要的作用。面对抗战刚结束，茶叶市场不景气的现状，何同泰茶厂不但没有关闭，而且还扩建了机械加工车间，何同泰几乎成了当时茶叶行业的老大，影响着茶叶的价格、等级及工艺标准。这次重振后的兴旺持续到了中华人民共和国成立后。1954年，何同泰茶厂固定员工已有188人。此后，公私合营，何同泰作为骨干茶厂，与100多家茶行一起被并入福州茶厂，何培

福州茶厂茉莉花茶商店

阎作为生产技术科科长与其他茶行的老板、技术骨干一起研制福州茉莉花茶的技艺。各个茉莉花茶流派的技艺凝聚到福州茶厂，使福州茶厂成为中国研制茉莉花茶水平最高的茶厂，何同泰同时也画上了句号。

东升茶坊

东升茶坊由长乐营前黄石村林象团开办。林象团13岁就跟随父亲林景乐学习制作传统的福州茉莉花茶，15岁时就在长乐自家的茶行当学徒制茶。1917年，林象团随父亲来到台湾苗栗做茶，并收徒授艺。在台湾十余年间，林景乐、林象团将福州传统的茉莉花茶窨制技术带到台湾，同时和台湾茶人一起探讨制茶技艺的突破。林象团制茶技艺自成一家，开办"公馆茶庄"，名噪一时。"九一八"事变后，福州茉莉花茶无法北上，茶行生意低迷，更多福州茶商转

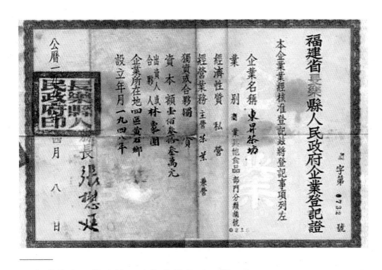

"东升茶坊"营业执照（东来茶业公司供图）

移到台湾窨制茉莉花茶，然后销售到东北。抗日战争胜利以后，已经成为著名制茶师的林象团回到了福州长乐黄石村，开办福州茉莉花茶厂，寓国家百废待兴，如"旭日东升"之意，取名为"东升茶坊"。其间，东升茶坊生产的福州传统茉莉花茶主要销往福州本地，且供不应求。直至 1950 年公私合营，东升茶坊被编入了长乐供销社，林象团也随之在供销社工作。1983 年，林象团的小儿子林增钦辞去长乐供销社茶厂的工作，恢复东升茶厂，寓"福气东来"之意，注册商标"东来名茶"。父亲林象团教育儿子，好的茉莉花茶是要用心来窨制的。当时 70 多岁的林象团，每天夜里要起来好几次试窨堆的温度，指导儿子和制茶人员如何通花、起花，突破一个个制茶技术难关。

1983 年底，林增钦到济南开拓市场，开起了沁园茶庄。2009 年，台湾茶商彭垣榜偶然在济南茶叶市场看见东升茶厂（现改名东来茶

1917 年，林象团在台湾苗栗创立"公馆茶庄"，传授福州茉莉花茶制作技艺（东来茶业公司供图）

业）的店铺里挂着与家中一模一样的照片，与林增钦交流，回忆起林象团在台湾苗栗县头屋乡象山村传授彭家制作茉莉花茶……一张照片续起了近百年的海峡两岸同胞的友谊。

良友茶庄

良友茶庄创始人程信祺，出生于贫困的农户。13 岁时开始学制鞋，之后在安泰桥碧峰林茶庄、鼓楼前陆经斋茶庄当学徒，出师后在城内南台几家茶叶店当店员和制茶工人。民国十二年（1923），他在苍霞洲白龙庵 8 号与人合股开办双兴隆 茶行。该行不多时就转为程信祺独办的程兴隆茶行，亦称兴隆茶行。

程信祺为人俭朴勤奋，1923—1937 年，在这十几年中生意越做越兴旺，每年制茶、销售达 1000 多担，制茶旺季时行中聘请技工 30 多人，拣茶女工 100 多人。当时茶叶远销省外，在天津设有代理商，程信祺的胞弟程梅惠及长子程敏澄等人常年驻天津办理转口销售茶叶的生意。在制茶旺季，程信祺亲自坐镇制茶厂，检查茶叶分级及窨花质量。他对待工人如同手足，在工厂与工人同桌吃饭，也不摆老板架子，闲时常邀工人师傅一同上澡堂洗澡，这是他的乐事。程信祺还培植他的学徒郑伯波当上兴隆茶厂的"掌盘"（掌管茶厂全面工作的伙计），作为程信祺的得力助手。1937 年卢沟桥事件爆发，福建省政府筹办内迁永安，当年兴隆茶行积压茶叶 1000 多担。正当程信祺大伤脑筋的时候，经友人介绍，得知台江路原大中肥皂厂（即原福州台江路 70 号）歇业出让。程信祺认定那地盘是台江最繁华地段，具有发展前景，即用重金盘下了店面，决定开设茶庄，自产自销。程信祺在生意场上打滚多年，很懂得名人效应，为了提高茶庄知名度，除了装修门面之外，定出牌号也是首要之事。福州市区茶庄大小有 20 多家，其中有名望的如渡鸡口的五顶峰茶庄、鼓楼前的陆经斋，南街的太和堂，中亭街的一枝春、春光怡等。程信祺通过福州商会邀请当时国民党闽浙监察使署主任陈肇英题写招牌"良友茶庄"。这"良友" 两字又是福建省政府秘书处秘书张子仲替茶庄撰写的，取上下联句的首字，联曰："良种芬香扬陆羽，友怀澹泊畅卢同。"要人名人为茶庄题名作联一事一时成了福州一大新闻，名噪榕城，良友茶庄一举成名。

当时，福州老字号茶庄均有各名牌茶叶，此乃茶庄所谓的看家品牌。如五顶峰茶庄有"明前叶"，太和堂有"半山茶"和"一枝春"，陆经斋有"高香片"等，它们都已久负盛名。程信祺下定决心要和老字号茶庄一样，创出一种拳头产品，以博得广大消费者的认可。他选定"雀舌毫"这个品牌（相当于现今超特级茉莉花茶），为有别于其他茶庄相似名称，他在"雀舌毫"之前加了"可口"两字，成为"可口雀舌毫"。为了打响"可口雀舌毫" 这个名牌，程信祺每年清明前就派人分赴罗源中房，宁德八都、霍童等地采购绿毛茶。这两处绿毛茶汤水醇厚，形条紧结，内质外形均居别处绿茶之上。在窨制茉莉花时，于三伏天选择近郊岭后、施埔、新店、伐坂一带的茉莉花，并要求在午后采摘茉莉花，因此时的茉莉花露水已消，花香浓郁；再经过精细加工焙制，使茶质及香味均比同业略胜一筹，茶庄的生意也日渐起色。到中华人民共和国成立前夕，良友茶庄营业额居福州市各茶庄之首。同时，名贵茶叶采用名家制作的脱胎漆盒来包装，更显尊贵。1950—1951 年江西省举办商品展览会，福州选送良友茶庄的"可口雀舌毫"参加展览，获特等奖。

良友茶庄

1956 年，政府对资本主义工商业进行社会主义改造，茶庄负责人程梅惠（程信祺胞弟）主动申请公私合营，原良友茶庄负责人程敏澄作为私方代表。良友茶庄成为国有企业体制，实行承包经营。

良友茶庄第三代传人程董惠培在 1992 年开办了"茶状元"茶艺居。他不仅做茶卖茶，还通过茶艺居这个舞台宣传与引导茶叶消费。在他的努力下，"茶状元"这个品牌得到了广大消费者的认可。茶界泰斗张天福曾为"茶状元"题写了"茶业世家"的匾额。

张一元

张一元茶庄是京城著名的老字号，始建于清光绪二十六年（1900），已有百余年的历史。店名取自"一元复始 万象更新"之意。张一元被认定为"中华老字号"，张一元商标被认定为"中国驰名商标"，张一元茉莉花茶窨制技艺被列入国家级非物质文化遗产保护项目。张一元茶庄，由安徽歙县定潭村人张文卿所建，寓意开市大吉，不断创新发展。 张文卿是安徽省歙县定潭村人，年轻时在崇文门外瓷器口荣泰茶庄学徒，后开办茶庄。

张一元茶庄销售的茶叶，比别的字号茶庄销售的同等级的茶叶卖得便宜。张一元茶庄还经常派人到一些茶店了解售价，掌握商品行情，并且买回别人销售的茶叶，与自家同级茶叶比较，以使自家的茶叶质量优于同行。他依京城及北方人的口味，就地进行窨制、拼配，形成具有特色的小叶花茶，并以汤清、味浓、入口芳香、回味无穷而闻名京城。张一元茶庄货色齐全，茶庄店堂中设有品茶桌，顾客可先看货后买茶叶。

张一元茶庄设有电话和函购业务。凡买 2.5 公斤以上茶叶者，都送货上门。在当时北京的商店，张一元茶庄是第一个用高音喇叭播放歌曲、戏剧等来招徕顾客的。据说，当时张一元茶庄播放彭素海用西河大鼓演唱的《三下南唐》，每次播放时，门前总是围着一群人。

1947 年，茶庄失火，从此一蹶不振。1952 年，观音寺张一元茶庄和大栅栏的张一元文记茶庄合并。张一元发扬老字号的优良经营传统，在确保茶叶质量的基础上，不断更新、调整，增加茶叶品种，受到消费者的欢迎。1992 年，以张一元茶庄为主成立了北京市张一元茶叶公司。公司成立后，在弘扬张一元老字号传统的同时，适应市场，多方努力，使张一元一些失传断档的传统风格的品种重新得到恢复。现在公司主要生产基地在闽东和广西横县。

吴裕泰

吴裕泰茶庄，原名吴裕泰茶栈，始建于清朝光绪十三年（1887），创办人是吴锡清。当时吴氏家资殷富，在北京已开设多家茶庄，有朝外大街的吴德利茶庄，广安门内大街的协利茶庄，西单北大街的吴新昌茶庄，崇文门大街的吴鼎裕茶庄，崇文门内的信大茶庄，通县城内的干泰聚、福盛茶庄等。这些吴氏茶庄买卖兴隆，在京城茶行中已具有一定规模。随着生意越做越大，茶叶的需求量大增，为集中进储茶叶，吴裕泰茶栈便应运而生。吴氏茶庄的茶叶均从安徽、浙江、福建等茶叶产地直接进货，并派专人在福州、苏州等地窨制茉莉花茶，经水陆运往京城，再拼成各种档次的茉莉花茶。吴氏茶庄自拼的花茶在北京城的东北城和远郊昌平、顺义、平谷、密云等享有盛誉。上至达官显贵，下至布衣百姓，三教九流，朋友相聚，壶里杯中都少不了吴氏茶庄的茶叶。

1955年公私合营时，吴裕泰茶栈改为吴裕泰茶庄。冯亦武老先生题写了第一块黑底绿字的横式牌匾。"十年动乱"期间，吴裕泰茶庄曾一度改名为红日茶庄；1985年，在建店98周年之际，又恢复为吴裕泰茶庄。1994年春，茶庄扩建改造，同年9月28日重张开店。现在吴裕泰茶庄是"中华老字号""中国茶叶百强企业"，主要生产基地在闽东和广西横县。

（二）传承人

陈成忠（1950— ）

陈成忠为"福建省非物质文化遗产保护项目'花茶制作技艺（福州茉莉花茶窨制工艺）'代表性传承人"、"福州市非物质文化遗产保护项目福州茉莉花茶窨制工艺代表性传承人"、国家高级评茶师、首届福州市茉莉花茶"传统工艺传承大师"、中国茶叶流通协会"指定窨花教师"。

———
陈成忠

1965年，年仅15岁的陈成忠即进入福建省福州茶厂当学徒，师从父亲陈必务和王洛洛、林依细，得到福州茉莉花茶窨制工艺的真传。他精于福州茉莉花茶传统手工制作技艺，形成了独特的工艺风格，广受追捧。2001－2002年，福州茶厂"茉莉闽毫"和"茉莉外事银毫"分获全国第二、三届优质茉莉花茶评比质量金奖；2009年11月，福州茶厂"外事礼茶"获首届福州茉莉花茶王赛（条形）"金奖茶王"，他均为主要制作人员之一。2011年，在福建省第八届"闽茶杯"比赛中，他所制作的醉真茶业的"针王"获"金奖茶王"。

陈成忠多次参加全国及福建省烘青绿茶、茉莉花茶级型标准样的确认会议，是唯一的手工标准样制作人；1999年，参与《福建省地方标准茉莉花茶》的标准文本起草定稿工作；2010年，参加《地理标志产品福州茉莉花茶》福建地方标准审定工作。发表论文《茉莉花茶湿坯连窨工艺长期应用总结》。

傅天龙（1965—　）

傅天龙为"福建省非物质文化遗产保护项目'花茶制作技艺（福州茉莉花茶窨制工艺）'代表性传承人"、"福州市非物质文化遗产保护项目福州茉莉花茶窨制工艺代表性传承人"、首届福州市茉莉花茶传统工艺传承大师、中级经济师、高级评茶师、高级加工茶技师。现任福建春伦茶业集团有限公司董事长。他曾祖父傅继联在清末创办了生春园商行，他秉承祖上传下来的茉莉花茶窨制工艺，在传承传统手工福州茉莉花茶窨制工艺的基础上加以改良，进一步完善，从而使茉莉花茶质量和产量得到很大的提高。公司产品多次获得福州茉莉花茶王赛"金奖茶王"，在全国茶叶评比中多次获得金奖。2006年，被评为"福建省十大杰出青年企业家"；2008年，被共青团中央，中国农业部授予"服务农村青年增收成才先进个人"；2010年，被中国茶叶流通协会授予"中国茶叶行业年度经济人物"。

——
傅天龙

王德星（1963— ）

王德星为"福建省非物质文化遗产保护项目'花茶制作技艺（福州茉莉花茶窨制工艺）'代表性传承人"、"福州市非物质文化遗产保护项目福州茉莉花茶窨制工艺代表性传承人"、国家高级评茶

王德星

师、首届福州市茉莉花茶"传统工艺传承大师"、高级经济师，福州市劳动模范，现任闽榕茶业有限公司董事长。作为"开闽圣王"王审知第39代传人，他技艺精湛，精心窨制的福州茉莉花茶荣获"中国茶叶博物馆馆藏茶"等国内外荣誉。长期从事福州茉莉花茶窨制工作，主持研制"一种单瓣醇香茉莉花茶的窨制方法"，获得国家发明专利（专利号：ZL200910044159.2）；"优质单瓣茉莉花窨制花茶工艺与新产品开发研究"获得福建省教育厅科技项目评定国内先进水平；联合主持"优质醇香单瓣茉莉花窨制茉莉花茶的研究与推广"，荣获福建省农业科技进步三等奖；主持研制成功的"崟露小翠舌"，荣获"2010上海世博会绿茶类金奖"。

林乃荣（1956— ）

林乃荣为"福建省非物质文化遗产保护项目'花茶制作技艺（福州茉莉花茶窨制工艺）'代表性传承人"、"福州市非物质文化遗产保护项目福州茉莉花茶窨制工艺代表性传承人"，现任福州茶厂负责生产的常务副厂长。1977 年进入福州茶厂，师从创建于 1925 年福州著名茶行"何同泰"的花茶制作技艺传人——王洛洛，熟练掌握"平、抖、蹚、拜、窨、烘、提"传统茉莉花茶七道窨制工序。窨制的茉莉闽毫、外事礼茶、明前绿多次被商业部、轻工部评为全国名茶、优质产品，在福州茉莉花茶茶王赛上荣获金奖茶王。

———
林乃荣

高愈正（1953 — ）

高愈正为"福建省非物质文化遗产保护项目'花茶制作技艺（福州茉莉花茶窨制工艺）'代表性传承人"、"福州市非物质文化遗产保护项目福州茉莉花茶窨制工艺代表性传承人"、国家高级评茶师、首届福州市茉莉花茶"传统工艺传承大师"。开办福州闽蜜香茶行。1971 年师从父亲高朝泉（时任福州茶厂的质检科科长），学习茉莉花茶窨制技艺。他熟练掌握高窨次茉莉花茶加工技艺，有丰富的实践经验和较高理论水平，善于挖掘整理福州茉莉花茶制作经验。在福州茉莉花茶王赛中多次获奖。

———
高愈正

——
傅天甫

——
翁发水

傅天甫（1965 — ）

傅天甫为"福建省非物质文化遗产保护项目'花茶制作技艺（福州茉莉花茶窨制工艺）'代表性传承人"、"福州市非物质文化遗产保护项目福州茉莉花茶窨制工艺代表性传承人"、首届福州市茉莉花茶"传统工艺传承大师"、高级评茶师、高级茶叶加工技师、经济师。现任福建春伦茶业集团有限公司总裁。曾祖父傅继联在清末创办了生春园商行，他秉承祖上传下来的茉莉花茶窨制工艺，在传统手工福州茉莉花茶窨制工艺的基础上予以改良，进一步完善，从而使茉莉花茶质量和产量得到很大的提高。公司产品多次获得福州茉莉花茶王赛"金奖茶王"，在全国茶叶评比中多次获得金奖。2009 年，荣获"福建省优秀青年企业家"称号。

翁发水（1972 — ）

翁发水为"福州市非物质文化遗产保护项目福州茉莉花茶窨制工艺代表性传承人"、首届福州市茉莉花茶"传统工艺传承大师"、高级评茶师，现任福建闽瑞茶叶公司董事长。他熟练掌握高窨次茉莉花茶加工技艺，有丰富的实践经验和较高理论水平，不断提升福州茉莉花茶制作水平。在福州茉莉花茶王赛中曾获得"金奖茶王"。

陈燕光（1959— ）

陈燕光为"福州市非物质文化遗产保护项目福州茉莉花茶窨制工艺代表性传承人"、福州市茉莉花茶"传统工艺传承大师"，现为福州南台岛茶业有限公司总经理。1984年，开始学习制茶，师承王宝珍。1988年创办福州市仓山区胪雷茶叶制造厂，2005年茶厂更名福州海西茶厂，创立自主茶叶品牌"南台岛"；2010年以"湿坯连窨"工艺成功制十三窨茉莉花茶。

陈燕光

陈光富（1961— ）

陈光富为"福州市非物质文化遗产保护项目福州茉莉花茶窨制工艺代表性传承人"、福州市茉莉花茶"传统工艺传承大

陈光富

师"。长期从事茉莉花茶生产、研发及茶叶评审工作。参与研究"一种单瓣醇香茉莉花茶的窨制方法",获得国家发明专利。参与产学研项目"优质醇香单瓣茉莉花窨制茉莉花茶的研究与推广",获 2011 年度神农福建农业科技奖三等奖。

曾明生（1965— ）

曾明生为"福州市非物质文化遗产保护项目福州茉莉花茶窨制工艺代表性传承人"、福州市茉莉花茶"传统工艺传承大师",现为福建春伦茶业集团有限公司生产车间主任。1998 年开始学习制茶,师承福州茶厂陈依穗师傅,长期从事茉莉花茶窨制生产工作。2016 年参加由福州海峡茶业交流协会举办的福州茉莉花茶茶王赛评审工作。

曾明生

"八闽高山茶芽嫩，闽江两岸茉莉香。"福州得天独厚的生态环境条件，非常适于茶树和茉莉的生长，出产了上等的茶叶和茉莉花。

福州先民的智慧，使茶与花有了完美的结合，于是这一缕糅着花香的茶香，延绵千年，纵横八万里，醉了茶人，美了世界，也演绎出了一幕幕波澜壮阔的历史画卷。

福州茉莉花茶历史上曾经有过辉煌，也有过萧条。近些年来，在茉莉花茶的故乡——福州，再窨茉莉香，重振茉莉花茶雄风，成为政府、学界、茶企、群众的共识。福州市政府出台了一系列对茉莉花茶产业的扶持政策，举办了多场大型活动，大力弘扬花茶文化，取得了良好的效果。福州茉莉花茶获得了许多殊荣：2009 年，国家质检总局批准对福州茉莉花茶实施地理标志产品保护；2011 年，国际茶叶委员会授予福州市"世界茉莉花茶发源地"称号；2012 年，国际茶叶委员会授予福州茉莉花茶"世界名茶"称号；2014 年，福州茉莉花与茶文化系统入选"全球重要农业文化遗产"……与此同时，茉莉花茶的生产、科研、销售也呈现出良好的态势。福州茉莉花的又一个春天来到了！

后记

在这春暖花开的时节，我们编写了本书，讲述茉莉花茶的前世今生，福州的灵山秀水，还有那些有关茉莉花茶的人和事……

本书由郑廼辉担任稿件组织和统稿工作。在本书编写过程中，我们参考了庄任等国内茉莉花茶研究知名专家的著作，得到许多政府部门和有关领导的支持；福建张天福茶叶发展基金会也提供了诸多帮助。除作者外，于学领、刘伟、陈百文、陈潜、陈毅、吴芹瑶、姚雪倩、张娴静、周萍等参加了部分内容的编写。黄启权、陈泽山、潘登、蒋婉岗对稿件做了资料编辑工作。在此，向所有关心支持本书编写工作的领导和同志一并表示衷心感谢！

本书所用部分图片，有的无法与作者取得联系，如有您的作品，请与我们联系，我们将按国家有关规定付稿酬。

由于编写时间仓促，书中错误和疏漏之处在所难免，敬请专家、读者批评指正。

作者

2018 年 4 月